52

Duden Schülerhilfen

Physik 8. bis 10. Klasse

Physikalische Methoden und Gesetze
richtig verstehen und anwenden

von Ingo Wittrock

mit Illustrationen von Detlef Surrey

2., aktualisierte Auflage

Dudenverlag
Mannheim · Leipzig · Wien · Zürich

Bibliografische Information der Deutschen Bibliothek
Die Deutsche Bibliothek verzeichnet diese Publikation in der Deutschen Nationalbibliografie; detaillierte bibliografische Daten sind im Internet über http://dnb.ddb.de abrufbar.

 D C B A

Redaktion: Annika Renker, Walter Greulich
Herstellung: Tobias Kaase
Sachbezogene Illustrationen und Grafiken, Satz: Atelier Frank Wohlgemuth, Bremen
Umschlaggestaltung: Bender & Büwendt, Berlin
Umschlagabbildung: Detlef Surrey
Druck und Bindung: Heenemann GmbH & Co, Berlin
Printed in Germany
ISBN-13: 978-3-411-70202-2
ISBN-10: 3-411-70202-8

Liebe Schülerin, lieber Schüler!

„Physik ist doof" – so urteilen nicht eben wenige Schülerinnen und Schüler, die den Physikunterricht in der Klasse 8, 9 oder 10 besuchen. Für sie ist Physik gleichbedeutend mit vielen Formeln, die man sich nicht merken kann, völlig unverständlichen Größen und Begriffen sowie unbegreiflichen Zusammenhängen.
Zugegeben, Physik ist keine einfache Naturwissenschaft. Sie ist aber auf der anderen Seite eine Wissenschaft, die die Naturvorgänge in weiten Teilen bestimmt und in vielen Bereichen unseres Alltagslebens Einzug gehalten hat. Wenn du die Funktionsweise technischer Geräte oder verschiedenste normale Naturvorgänge auch nur ansatzweise verstehen willst, kommst du um die Physik nicht herum.
Dieses Buch möchte versuchen, dir Verständnishilfen für den Fachunterricht in Physik zu geben. Dabei wird bewusst auf die vollständige Behandlung aller im Unterricht vorkommenden Teilgebiete verzichtet. Stattdessen wird viel Wert auf das Grundlagen- und Überblickswissen gelegt, das du brauchst, um die im Unterricht behandelten detaillierteren Themen zu verstehen. Auf die oft als Problem empfundene Formelsprache kann zwar nicht vollständig verzichtet werden – sie gehört nun einmal zur Physik wie die Noten zur Musik – aber sie sind auf ein Mindestmaß beschränkt. Wo immer die Formeln unumgänglich sind, werden sie eingehend erläutert, es werden Merkhilfen angeboten und Beispiele vorgerechnet. In den Übungen findest du dann jeweils noch weitere Beispiele, die du eigenständig bearbeiten und mit den Lösungen im Anhang kontrollieren kannst. Ebenfalls in den Übungen findest du eine Vielzahl von Anwendungsbeispielen und leichten Experimenten, die du zu Hause selbst durchführen kannst.

Damit du dich in diesem Buch gut zurechtfindest, achte auf die Zeichen auf der folgenden Seite.

Vorwort

Wichtige Merksätze, Formeln und Regeln →

Praktische Tipps und „Eselsbrücken“ →

Beispiele und Musterrechnungen →

Übungen und Aufgaben mit Lösung im Anhang →

Wir hoffen, dass du nach der Lektüre dieses Buchs dem Physikunterricht auch ein paar spannende Momente abgewinnen kannst und vielleicht sogar entdeckst, in welch vielfältiger Weise die Physik unseren Alltag umgibt.

Autor und Redaktion

Inhalt

Kapitel 1

Grundlagen physikalischen Arbeitens

1.1 Modellbildung

Wenn Menschen sich etwas Unanschauliches vorstellen möchten, greifen sie zu **Modellen.** Ein Architekt fertigt beispielsweise von seinem neu geplanten Haus zunächst eine Zeichnung an. Diese ist bereits ein erstes Modell des später realen Hauses. Der Bauherr, der möglicherweise aus der Zeichnung noch keine rechte Vorstellung gewinnen kann, verlangt vielleicht ein virtuelles Computermodell oder sogar ein maßstabgerechtes Modell aus Holz oder anderen Materialien.

Ganz ähnlich geht man auch in der Physik vor, da die Natur viel zu komplex ist, um sie in allen Einzelheiten zu überschauen. Man greift ein bestimmtes Phänomen heraus und versucht, ein Modell zu entwickeln, mit dem man eine Vorstellung von dem betrachteten Ablauf in der Natur gewinnen kann. Modelle können in der Physik sehr unterschiedliche Gestalt annehmen. Sie reichen von sehr konkreten Objekten und deren Verhalten bis hin zu den physikalischen Formeln, die nichts anderes als mathematische Modelle für Zusammenhänge in der Natur oder Technik sind.

Modelle sind Vereinfachungen der Wirklichkeit.

Ein Stoff kann als fester Körper, als Flüssigkeit oder als Gas auftreten. Zwischen den einzelnen Erscheinungsformen sind – je nach Bedingungen – Übergänge möglich. Ein Physiker stellt sich nun einen Stoff aus vielen kleinen Teilchen zusammengesetzt vor. Im festen Zustand „haften“ die Teilchen an ihren Nachbarn und können ihre Plätze nicht wechseln, im flüssigen Zustand können sie sich gegeneinander verschieben, im gasförmigen Zustand ist der Zusammenhalt zwischen den Teilchen verloren gegangen. Die Übergänge zwischen den einzelnen Erscheinungsformen (z. B. von der Flüssigkeit zum Gas: das Verdampfen) lassen sich damit durch Änderungen des Zusammenhalts zwischen den Teilchen erklären.

Viele andere Dinge sind mit einem solch einfachen Modell aber nicht erklärbar, z. B. die Eigenschaft bestimmter Flüssigkeiten, elektrischen Strom leiten zu können.

Wichtig ist also, sich klar zu machen, dass ein Modell nicht einfach die Wirklichkeit wiedergibt, sondern nur jeweils einen Ausschnitt richtig beschreibt. Für die Erklärung anderer Beobachtungen kann es teilweise unbrauchbar oder sogar falsch sein. Auch das Holzmodell des Architekten gibt zwar unter Umständen die Größenproportionen und das spätere Aussehen des Gebäudes richtig wieder, die Materialien sind aber ganz andere und die Inneneinrichtung fehlt möglicherweise vollständig.

1.2 Größen und Einheiten

Bei vielen Experimenten wird etwas gemessen. Um eine Messung durchführen zu können, musst du dir zunächst Gedanken machen, was du eigentlich messen möchtest. Alle messbaren Eigenschaften nennt man **Messgrößen, physikalische Größen** oder einfach nur **Größen.** Mögliche Messgrößen sind z.B. die Länge, die Temperatur, die Zeit oder die Stromstärke.
Zu jeder Messgröße kannst du mit einem Messgerät einen **Messwert** (also eine Zahl, auch **Maßzahl** genannt) bestimmen. Zum Beispiel könntest du die Länge (Messgröße) deines Schreibtischs mithilfe eines Maßbands ausmessen. Niemand würde dich jedoch verstehen, wenn du anschließend behauptest: „Mein Schreibtisch hat die Länge 1,2.“ Dein Messwert bekommt erst dann einen Sinn, wenn du ihm eine Einheit hinzufügst. Richtig könnte es etwa heißen: „Mein Schreibtisch ist 1,2 m lang.“ Ebenso könntest du für die Länge statt 1,2 m natürlich auch 120 cm oder 1200 mm angeben. Zu jedem Messwert gehört also eine **Einheit** (die man in der Regel noch in Untereinheiten aufteilen kann).

Größen beschreiben messbare Eigenschaften.
Zu jeder Maßzahl für eine Größe gehört eine Einheit.

Physiker drücken Zusammenhänge zwischen Größen gern mit Formeln aus. Die in den Formeln verwendeten Größen werden meistens nur noch durch ein **Größensymbol,** nämlich einen Buchstaben, angegeben (die Länge in unserem Beispiel würde durch ein ℓ oder ein s ausgedrückt werden). Erst beim Einsetzen von Messwerten kommen die Einheiten hinzu. Dabei gilt es, die Buchstaben für die Größen und die Buchstaben für die Einheiten sorgfältig zu unterscheiden.

Ein Lkw-Fahrer legt eine 180 km lange Strecke in 3 Stunden zurück. Will er seine durchschnittliche Geschwindigkeit berechnen, so teilt er die gefahrene Strecke durch die dafür benötigte Zeit:

$$\text{Geschwindigkeit} = \frac{\text{zurückgelegter Weg}}{\text{benötigte Zeit}}\,.$$

Mit den Größensymbolen v für die Geschwindigkeit, s für den Weg und t für die Zeit schreibt man kürzer:

$$v = \frac{s}{t}\,.$$

Beim Einsetzen der bekannten Maßzahlen für den Weg s und die Zeit t müssen nun die Einheitensymbole hinzugefügt werden. Dafür verschwinden aber die Größensymbole. Die Rechnung liefert:

$$v = \frac{s}{t} = \frac{180\,\text{km}}{3\,\text{h}} = 60\,\frac{\text{km}}{\text{h}}\,.$$

Das Endergebnis erhält also offensichtlich die aus allen eingesetzten Einheiten zusammengesetzte Einheit, hier „Kilometer pro Stunde".

Tipp!

1. *Wenn ungewöhnliche Einheiten verwendet werden oder du dir nicht ganz sicher bist, solltest du vor dem Einsetzen in eine Formel alle Maßzahlen in die Grundeinheiten umrechnen (siehe dazu die Tabelle auf der nächsten Seite).*
2. *Ersetze beim Umrechnen immer eine Zahl mit Einheit durch eine gleichwertige Kombination aus Zahl und Einheit, z. B. 5 km durch 5000 m oder 1 Stunde durch 3600 s.*

Eine Schnecke legt eine Wegstrecke von 15 cm in 5 min zurück. Ihre Geschwindigkeit errechnest du wie folgt:

$$v = \frac{s}{t} = \frac{15\,\text{cm}}{5\,\text{min}} = \frac{0{,}15\,\text{m}}{300\,\text{s}} = 0{,}0005\,\frac{\text{m}}{\text{s}}\,.$$

Die nachfolgende Tabelle gibt dir einen Überblick über die wichtigsten Größen aus dem Physikunterricht der Klassen 8 bis 10 und die dazugehörigen Grundeinheiten.

Physikalische Größe	Größensymbol	Grundeinheit	Einheitensymbol	Umrechnung
Länge, Strecke	l , s	Meter	m	
Fläche	A	Quadratmeter	m^2	
Volumen	V	Kubikmeter Liter	m^3 ℓ	$1\,\ell = 0{,}001\,m^3$
Zeit	t	Sekunde	s	
Masse	m	Kilogramm	kg	
Kraft	F	Newton	N	$1\,N = 1\,kg \cdot m/s^2$
Druck	p	Pascal	Pa	$1\,Pa = 1\,N/m^2$
Arbeit, Energie	W, E	Joule	J	1 J = 1 Nm
Leistung	P	Watt	W	1 W = 1 J/s
Temperatur	T	Kelvin, Grad Celsius	K, °C	
Elektr. Ladung	Q	Coulomb Amperesekunde	C As	1 C = 1 As
Stromstärke	I	Ampere	A	
Spannung	U	Volt	V	1 V = 1 J/C
Elektr. Widerstand	R	Ohm	Ω	1 Ω = 1 V/A

1.3 Protokollierung und Auswertung von Experimenten

Das wichtigste Hilfsmittel zum Auffinden oder auch Bestätigen neuer Erkenntnisse bildet für den Physiker das Experiment. Damit ein Experiment und die daraus folgenden Ergebnisse für andere nachvollziehbar sind, muss es genau protokolliert und sorgfältig ausgewertet werden. Die Anforderungen an ein solches Versuchsprotokoll werden im Folgenden am Beispiel einer gleichförmigen Bewegung eines batteriebetriebenen Wagens verdeutlicht.

1. Nach Datum und Überschrift gehört zum Protokoll zunächst eine Skizze des **Versuchsaufbaus**, in die alle wesentlichen Bestandteile des Experiments aufgenommen werden.
   Für unser Beispiel könnte dies so aussehen:

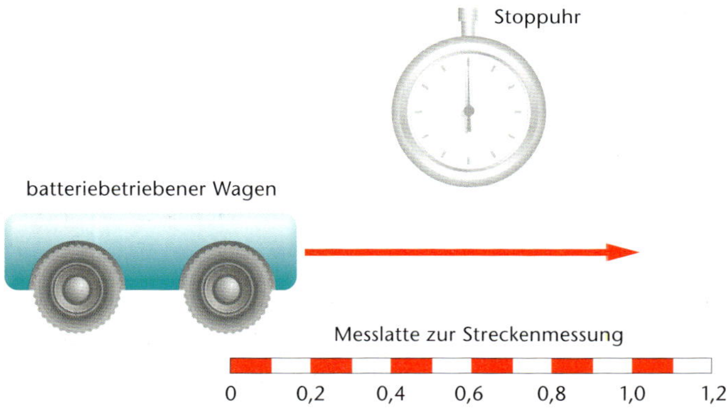

2. Messwerte erfasst man in **Messwerttabellen.** Achte auch hier auf die korrekte Angabe der benutzten Einheiten!
   Folgende Messwerttabelle könnte zu unserem Beispiel gehören:

Strecke s in m	0	0,1	0,2	0,3	0,4	0,5	0,6	
Zeit t in s	0	0,8	1,7	2,4	3,3	4,1	4,7	

3. In einem ersten Auswertungsschritt überträgst du die Messwerte in ein **Koordinatensystem.** Dabei wird die eine Größe auf der x-Achse und die andere Größe auf der y-Achse aufgetragen. Bevor du mit dem Eintragen der Messpunkte beginnst, solltest du dir aber Ge-

danken über eine sinnvolle Zuordnung und Einteilung der Achsen machen. In der Physik ist es z. B. üblich, dass die Zeit auf der x-Achse aufgetragen wird. Achte insbesondere darauf, dass du den jeweils größten Messwert noch einzeichnen kannst und unterteile anschließend die Achsen so mit einer Skala, dass du die Messwerte möglichst leicht übertragen kannst.
Für unser Beispiel ergibt sich folgendes Bild:

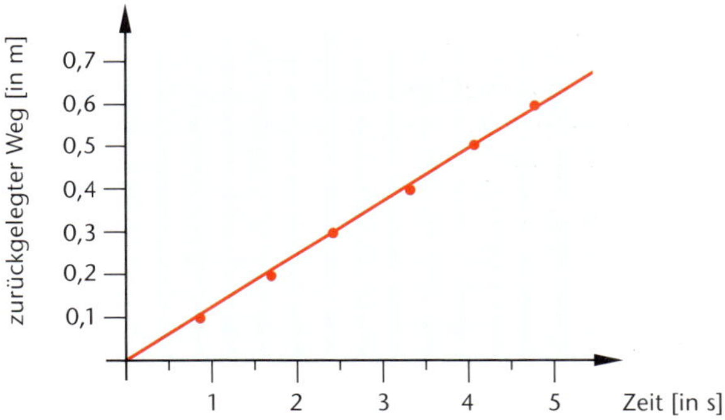

Du hast sicher gleich erkannt, dass die Messpunkte fast exakt auf einer Geraden durch den Koordinatenursprung liegen. Dies ist ein sehr häufig anzutreffendes Messergebnis.

Die Verteilung der Messpunkte im Koordinatensystem gibt wichtige Anhaltspunkte für den mathematischen Zusammenhang zwischen den beiden Messgrößen. Fast immer liegt einer der beiden folgenden Fälle vor:

Bei einem proportionalen Zusammenhang liegen die Messpunkte (näherungsweise) auf einer Geraden durch den Koordinatenursprung.

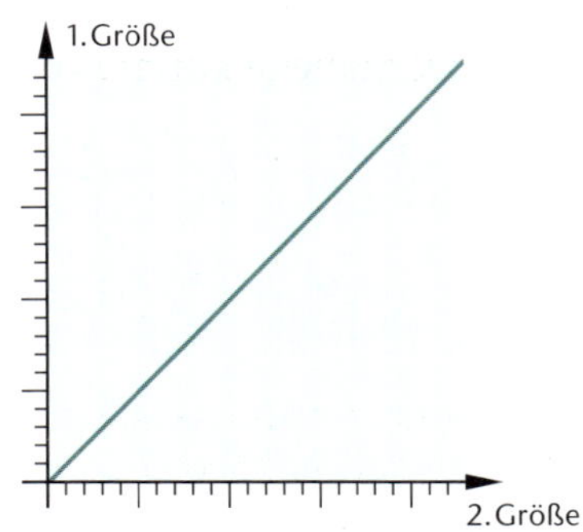

Bei einem antiproportionalen Zusammenhang liegen die Messpunkte (näherungsweise) auf einer Kurve, die man Hyperbel nennt.

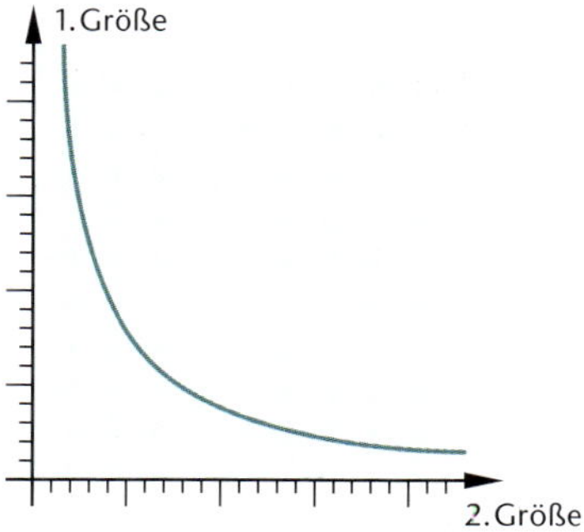

Du erinnerst dich sicher an die Behandlung der Proportionalität im Mathematikunterricht:

- Bei **proportionalen Zuordnungen** („je mehr, desto mehr") wird dem Doppelten (Dreifachen, Vierfachen etc.) der ersten Größe auch das Doppelte (Dreifache, Vierfache etc.) der zweiten Größe zugeordnet.
- Bei **antiproportionalen Zuordnungen** („je mehr, desto weniger") wird dem Doppelten (Dreifachen, Vierfachen etc.) der ersten Größe die Hälfte (ein Drittel, ein Viertel etc.) der zweiten Größe zugeordnet.

4. Mithilfe dieses mathematischen Zusammenhangs nimmst du noch eine **rechnerische Überprüfung** deiner Vermutung vor: Wenn du bei Größen mit proportionalem Zusammenhang die beiden zusammengehörigen Messwerte dividierst, so erhältst du (näherungsweise) für jedes Wertepaar dasselbe Ergebnis.

Für unser Beispiel sieht das so aus:

Strecke s	**in m**	0	0,1	0,2	0,3	0,4	0,5	1,0
Zeit t	**in s**	0	0,8	1,7	2,4	3,3	4,1	4,7
s/t	**in m/s**	--	0,125	0,118	0,125	0,121	0,122	0,128

Hier zeigt sich auch gleich der Unterschied zwischen einer mathematisch exakten Proportionalität und einer Messung! Ein Experiment lässt sich nie ganz fehlerfrei durchführen. Es gibt Ablesefehler, Ungenauigkeiten der Messinstrumente, grundsätzliche Fehler im Versuchsaufbau und vieles mehr. Deswegen ist die Proportionalität praktisch fast immer nur näherungsweise erfüllt!

Bei einem proportionalen Zusammenhang zwischen zwei Größen erhält man bei der Division von zwei zusammengehörigen Werten immer einen konstanten Wert.

$$\text{1. Größe} \sim \text{2. Größe} \Rightarrow \frac{\text{1. Größe}}{\text{2. Größe}} = \text{konstant.}$$

(Das Zeichen „~" heißt „ist proportional zu".)

Das bei der Division herausgekommene konstante Ergebnis trägt in der Mathematik den Namen **Proportionalitätskonstante.** Häufig beschreibt diese eine bestimmte Materialeigenschaft (z. B. ist der Quotient aus Masse und Volumen für ein bestimmtes Material konstant und kennzeichnet die „Dichte" (siehe Kapitel 2.4)). Man nennt sie dann auch Materialkonstante. Sieh dir zur Bedeutung der Proportionalitätskonstanten in der Physik auch Kapitel 1.4 an.

Bei antiproportionalen Zuordnungen musst du die rechnerische Überprüfung anders vornehmen. Hier ergibt nämlich die Multiplikation der beiden Größen einen konstanten Wert.

Bei einem antiproportionalen Zusammenhang zwischen zwei Größen erhält man bei der Multiplikation zusammengehöriger Werte immer einen konstanten Wert.

$$1.\,\text{Größe} \sim \frac{1}{2.\,\text{Größe}} \Rightarrow 1.\,\text{Größe} \cdot 2.\,\text{Größe} = \text{konstant.}$$

5. Zum Schluss formulierst du noch das Versuchsergebnis.
   Für unser Beispiel sollten wir festhalten:
   Der zurückgelegte Weg ist zur benötigten Zeit proportional: $s \sim t$.

Abschließend fassen wir noch einmal die Anforderungen an ein Versuchsprotokoll zusammen.

Ein Versuchsprotokoll enthält:

0. *das Datum der Versuchsdurchführung,*
1. *eine Versuchsskizze mit der Beschreibung der wesentlichen Elemente,*
2. *eine Messwerttabelle sowie evtl. besondere Beobachtungen,*
3. *die Übertragung der Messpunkte in ein Koordinatensystem,*
4. *die Analyse des mathematischen Zusammenhangs mit rechnerischer Überprüfung (Konstante ermitteln!),*
5. *das Versuchsergebnis.*

1.4 Erstellen von Formeln und Umgang mit Formeln

In Kapitel 1.3 hast du gelernt, wie man aus einer Messwerttabelle mithilfe einer Darstellung im Koordinatensystem bzw. mit rechnerischen Mitteln den mathematischen Zusammenhang zwischen zwei physikalischen Größen ermittelt. Dabei zeigte sich, dass beim Dividieren (bei proportionalen Zusammenhängen) bzw. Multiplizieren (bei antiproportionalen Zusammenhängen) der Wertepaare eine Konstante herauskommt. Geht man noch einen Schritt weiter, lassen sich aus den jeweiligen Versuchsergebnissen physikalische Formeln entwickeln.
Der Konstanten kommt immer eine eigene Bedeutung zu, denn sie ist nichts anderes als ein zahlenmäßiger Ausdruck einer bestimmten Eigenschaft. Unter geänderten Experimentierbedingungen könnte sich etwa ein anderer Wert für die Konstante ergeben, der eine Veränderung der Eigenschaft anzeigt. Zu diesen Werten gehört nach Kapitel 1.2 aber eine physikalische Größe. Sie hängt mit den anderen Größen über eine Formel zusammen, die sich leicht erstellen lässt. Man gibt der Größe einfach einen passenden Namen und setzt sie an die Stelle der Konstanten.

Beim Experiment aus Kapitel 1.3 hatten wir festgehalten:
Weg und Zeit sind zueinander proportional, d. h.:

$$s \sim t \Rightarrow \frac{s}{t} = \text{konstant.}$$

Würde man den Wagen „schneller", aber immer noch gleichmäßig fahren lassen, wären wiederum zurückgelegter Weg und benötigte Zeit zueinander proportional, für die Konstante erhielte man aber einen größeren Wert. Diese Werte kennzeichnen, wie „schnell" sich der Wagen bewegt. Die zugehörige Größe bezeichnet man deshalb als Geschwindigkeit (Größensymbol v). Man erhält also:

$$\frac{\text{zurückgelegter Weg}}{\text{benötigte Zeit}} = \text{Geschwindigkeit} \quad \text{bzw.} \quad \frac{s}{t} = v.$$

Weiß man schon, wie eine Größe von zwei anderen Größen abhängt, hat aber noch keine Formel zur Verfügung, kann man auch anders vorgehen, um die passende Formel zu erstellen. Man nutzt dabei folgende Regel aus:

Wenn eine Größe a proportional zur Größe b und proportional zur Größe c ist, dann ist sie auch proportional zum Produkt der Größen b und c.

$$\begin{matrix} a \sim b \\ a \sim c \end{matrix} \Rightarrow a \sim b \cdot c.$$

Gibt nun das Produkt der zweiten und der dritten Größe die Eigenschaften der ersten Größe treffend wieder, legt man diese erste Größe oft einfach als dieses Produkt fest.

Festlegung: $a = b \cdot c$.

Diese Vorgehensweise kann man am besten anhand eines Beispiels einsehen:

Bei einem gleichförmig fahrenden Auto ist die zurückgelegte Wegstrecke proportional zur Geschwindigkeit (Tacho) und zur Fahrzeit. Man kommt z. B. mit der doppelten Geschwindigkeit doppelt so weit (bei gleicher Fahrzeit) und bei dreimal so langer Fahrzeit dreimal so weit (bei unveränderter Geschwindigkeit). Fährt man mit doppelter Geschwindigkeit und bei dieser Geschwindigkeit dreimal so lange, kommt man nun sechsmal so weit. Also ist die zurückgelegte Strecke zum Produkt aus Geschwindigkeit und Zeit proportional ($6 = 2 \cdot 3$). Tatsächlich legt man fest:

zurückgelegte Wegstrecke = Geschwindigkeit · Zeit.

Übrigens ist dir diese Methode, Formeln zu konstruieren, in ähnlicher Weise bereits aus der Mathematik bekannt. So ist die Fläche eines Rechtecks proportional zur Länge und zur Breite und damit auch zum Produkt der beiden Größen. Deshalb legt man die Rechteckfläche durch das Produkt aus Länge und Breite fest.

Manchmal benötigt man eine kleine Abwandlung des vorgestellten Sachverhalts:

Wenn eine Größe a proportional zur Größe b und umgekehrt proportional zur Größe c ist, dann ist sie auch proportional zum Quotienten der Größen b und c.

$$\left.\begin{array}{l} a \sim b \\ a \sim \frac{1}{c} \end{array}\right. \Rightarrow a \sim \frac{b}{c}.$$

Erstellt man nach dem gleichen Schema wie oben eine Formel für den Zusammenhang zwischen a, b und c, erhält man: $a = b/c$. Dieser Fall gilt etwa für die Formel $v = s/t$.
In manchen Fällen fügt man noch eine Konstante in die jeweilige Gleichung ein, um günstigere Einheiten für die links stehende Größe zu erhalten. An den Proportionalitäten ändert das natürlich nichts.

Formeln dienen dazu, Zusammenhänge zwischen den einzelnen physikalischen Größen zu beschreiben. Du kannst aber natürlich auch mit ihnen rechnen. Zumeist soll in den entsprechenden Aufgabenstellungen bei zwei bekannten Größen die dritte Größe bestimmt werden. Dazu ist es zum einen wichtig, die Buchstaben, die die Größen bezeichnen, in den richtigen Anordnungen zu behalten; zum anderen muss eine gegebene Formel nach der gesuchten Größe umgestellt werden. Für beides gibt es Tricks und Eselsbrücken.

Tipp!

Die Zuordnung der Größensymbole ist gar nicht so willkürlich, wie du vielleicht denkst. Fast alle Buchstaben sind von dem Anfangsbuchstaben des englischen (oder lateinischen) Worts für die Größe abgeleitet, z. B.:

***s**ize / **l**ength*	=	*Länge*
***A**rea*	=	*Fläche*
***V**olume*	=	*Volumen*
***v**elocity*	=	*Geschwindigkeit*
***t**ime*	=	*Zeit*
***T**emperature*	=	*Temperatur*
***p**ressure*	=	*Druck*
***m**ass*	=	*Masse*
***F**orce*	=	*Kraft*
***R**esistance*	=	*Widerstand*
***W**ork*	=	*Arbeit*
***P**ower*	=	*Leistung*
***I**ntensity*	=	*Stromstärke*
***Q**uantity*	=	*(Ladungs-)Menge*
***U** von lat. „**u**rgere" (= treiben)*	=	*Spannung*

Viele Formeln kann man sich merken, indem man sie zu kleinen Wörtern ergänzt, die du dir selbst ausdenken kannst, z. B.:
$U = R \cdot I$ *(Urin)*; $P = U \cdot I$ *(pfui)*; $Q = I \cdot t$ *(quitt)*.

Hier sind natürlich auch Fantasiewörter oder kleine Rechtschreibfehler möglich, z. B.:
$s = v \cdot t$ *(savt)*.

Tipp!

Schreibe aus dem Aufgabentext heraus, welche Größen bereits gegeben sind. So kannst du schnell ermitteln, nach welcher Größe du die Formel umstellen musst. Achte dabei gleich zu Anfang auch darauf, alle gegebenen Größen in der Grundeinheit anzugeben (siehe Kapitel 1.2).

Das **Umstellen von Formeln** nach einer gesuchten Größe geht besonders leicht, wenn du dir die Formeln als Formeldreiecke aufschreibst. Für unser Beispiel $s = v \cdot t$ sähe das folgendermaßen aus:

Der Vorteil dieser Dreiecksanordnung ist nun, dass du direkt ablesen kannst, wie die umgestellte Formel lauten muss. Dazu musst du lediglich die gesuchte Größe abdecken und das Formeldreieck zeigt dir die entsprechende Umstellung. Bei unserem Formeldreieck ergeben sich die folgenden drei Fälle, jeweils mit einer Beispielaufgabe verdeutlicht:

Frage: Welche Strecke legt ein Wagen zurück, der 20 Sekunden mit einer Geschwindigkeit von 30 m/s fährt?

Die Größe **s** ist gesucht und wird deshalb abgedeckt. Aus dem Formeldreieck kannst du ablesen:

$$s = v \cdot t.$$

Einsetzen liefert: $s = 30\,\text{m/s} \cdot 20\,\text{s} = 600\,\text{m}$.

Frage: Wie schnell fährt ein Wagen, der eine Strecke von 600 m in 20 s zurücklegt?

Die Größe **v** ist gesucht und wird deshalb abgedeckt. Aus dem Formeldreieck kannst du ablesen:

$$v = \frac{s}{t}.$$

Einsetzen liefert: $v = \frac{600\,\text{m}}{20\,\text{s}} = 30\,\frac{\text{m}}{\text{s}}$.

Frage: Wie lange benötigt ein Wagen, der mit einer Geschwindigkeit von 30 m/s fährt, für eine Wegstrecke von 600 m?

Die Größe **t** ist gesucht und wird deshalb abgedeckt. Aus dem Formeldreieck kannst du ablesen:

$$t = \frac{s}{v}.$$

Einsetzen liefert: $t = \dfrac{600\,\text{m}}{30\,\frac{\text{m}}{\text{s}}} = 20\,\text{s}.$

Um keine Fehler beim Umstellen einer Formel und bei den Einheiten zu machen, solltest du (wie oben vorgeführt) Folgendes beherzigen:

1. *Stelle zunächst die Formel so um, wie sie benötigt wird, und setze erst dann die Zahlen und Einheiten ein.*
2. *Sammle bei Produkten und Quotienten die Zahlen vorne und die Einheiten hinten. Befinden sich gleiche Einheiten im Zähler und im Nenner, kannst du die Einheiten kürzen wie Zahlen (übrig bleibt jeweils eine 1, die man am Ende meist weglassen kann). Doppelbrüche bei den Einheiten stellt man genau wie Doppelbrüche bei Zahlen um.*

1.5 Übungen und Aufgaben

A 1 Hier sind einige bekannte Größen und Einheiten durcheinandergeraten.

Strecke	Stunde	Kubikmeter	Fläche
Minute	Geschwindigkeit	Zeit	Gramm
Volumen	Quadratzentimeter	Millimeter	Masse
Kilometer pro Stunde	Sekunde	Liter	

1. Unterstreiche die Größen und die Einheiten mit zwei unterschiedlichen Farben.
2. Ordne die zusammengehörigen Größen und Einheiten paarweise einander zu.
3. Ergänze hinter den Größen und Einheiten die Größensymbole und die Einheitensymbole.

A 2 **Heimversuch:** Besorge dir aus der Küche einen Messbecher und eine Küchenwaage. Wiege zunächst den leeren Messbecher und notiere sein Gewicht. Führe dann eine Messreihe durch, indem du zu verschiedenen Füllmengen (die du an der Skala des Messbechers ablesen kannst) das Gewicht der eingefüllten Substanz (z. B. Wasser oder Zucker) notierst. Achte darauf, dass du von jedem Messwert das Leergewicht des Messbechers abziehen musst.

1. Stelle eine Messwerttabelle auf. Achte auf die Einheiten!
2. Übertrage die Messpunkte in ein Koordinatensystem.
3. Stelle eine Vermutung über den Zusammenhang zwischen den beiden Messgrößen auf.
4. Überprüfe die Vermutung rechnerisch mithilfe der Messwerttabelle.

A 3 Bei einer Testfahrt auf der Nordschleife des Nürburgrings wurden zu verschiedenen Durchschnittsgeschwindigkeiten die benötigten Rundenzeiten gemessen. Die Messung ergab:

Geschwindigkeit v in km/h	60	75	90	115	130	150
Zeit t in min	22,5	18	15	11,5	10,5	9

Führe die Aufgabenstellungen 2.2 bis 2.4 aus!

A 4 Bei den folgenden beiden Aufgaben gehen wir davon aus, dass sich Auto und Läufer gleichförmig bewegen.

1. Ein Auto legt eine Strecke von 108 Kilometern in 2 Stunden zurück. Wie groß ist seine Geschwindigkeit in Metern pro Sekunde?
2. Ein sehr guter Läufer benötigt 10 Sekunden für einen Hundertmeterlauf. Wie groß ist seine Geschwindigkeit in Kilometern pro Stunde?

A 5 Schreibe die Formel $P = \frac{W}{t}$ $\left(\text{Leistung} = \frac{\text{Arbeit}}{\text{Zeit}}\right)$ als Formeldreieck auf. Erstelle Formeln für W und t und löse damit folgende Aufgaben (die zu den Größen gehörenden Einheiten findest du in der Tabelle am Ende von Kapitel 1.2, es gilt: 1 Joule = 1 Wattsekunde bzw. 1 J = 1 Ws):

1. Welche Arbeit verrichtet eine Bohrmaschine mit einer Leistung von 800 Watt, wenn sie 50 Sekunden in Betrieb ist?
2. Wie lange benötigt eine Seilwinde mit 250 Watt Leistung, wenn sie eine Arbeit von 15 000 Joule verrichten muss?

Kapitel 2

Mechanik

2.1 Kraft

Kraft ist ein Begriff, den du sicherlich im Alltag häufig hörst. Dort wird er aber oft anders als in der Physik verwendet, z. B. wenn man sagt, jemand habe „viel Kraft“. In der Physik spricht man im Unterschied dazu nur dann von einer Kraft, wenn **mindestens ein Körper auf einen anderen Körper** einwirkt. Kräfte kannst du nur an ihren verschiedenen Wirkungen erkennen. Man unterscheidet dabei die Verformung und die Änderung des Bewegungszustands (d.h. Beschleunigung, Abbremsung oder Änderung der Bewegungsrichtung) eines Körpers.

Wenn du mit deinem Fahrrad unterwegs bist, so musst du zum Beschleunigen eine Kraft auf die Pedale ausüben. Für Richtungsänderungen muss eine Kraft auf den Lenker einwirken. Auch zum Abbremsen ist eine Kraft erforderlich, die du über die Handbremse auf das Rad überträgst. Dabei zeigt die Verformung der Bremse ebenfalls das Wirken einer Kraft an.

Kräfte erkennt man an ihren Wirkungen. Die Ursache für Verformungen und Änderungen des Bewegungszustands eines Körpers nennt man Kraft.

Um Zahlenangaben zu Kräften machen zu können, muss zunächst die Einheit der Kraft definiert werden.

Die Einheit der Kraft ist 1 Newton (1 N),

benannt nach dem englischen Physiker Sir Isaac Newton (1643–1727). Eine Kraft von etwa 1 N ist z. B. notwendig, um eine normale Tafel Schokolade hochzuhalten (siehe dazu auch das Kapitel 2.3). Die doppelte Kraft ist nötig, um zwei Tafeln zu halten, für drei Tafeln sind 3 N erforderlich usw.

Zur Messung von Kräften nutzt man ihre verformende Wirkung auf eine Schraubenfeder aus. Je größer die angreifende Kraft, desto stärker wird eine solche Feder verlängert. Der englische Naturforscher Robert Hooke (1635–1703) fand heraus, dass die Verlängerung (Symbol: s) sogar zur angreifenden Kraft (Symbol: F) proportional ist. Der wegen der Proportionalität konstante Quotient wird Federhärte (Symbol: D) genannt.

Hookesches Gesetz: Die Verlängerung einer Feder ist proportional zu der an ihr angreifenden Kraft, also $F \sim s$. Es gilt daher:

$$\frac{F}{s} = konst = D.$$

Die Proportionalitätskonstante D heißt Federhärte.

D ist eine Materialkonstante und hat für jede Feder einen bestimmten Wert, der im Falle von technischen Federn vom Hersteller angegeben wird. Das hookesche Gesetz gilt nicht nur für Schraubenfedern, sondern auch für andere elastische Körper (z. B. Metallstreifen oder sogar Bretter, allgemeiner Blattfedern), wenn man die Verlängerung durch die Durchbiegestrecke ersetzt. Bei gegebenem D einer Schraubenfeder kann man z. B. von der Verlängerung s auf die einwirkende Kraft F schließen.

Eine Feder mit der Federhärte $D = 2{,}5\,\frac{N}{cm}$ verlängert sich unter Einwirkung einer Kraft um 4 cm. Wie groß ist diese Kraft?

Lösung: $\frac{F}{s} = D \Rightarrow F = D \cdot s = 2{,}5\,\frac{N}{cm} \cdot 4\,cm = 10\,N.$

Mithilfe der Längenausdehnung einer Feder kann also eine Kraftmessung vorgenommen werden. In den so genannten Kraftmessern steckt daher immer eine Feder, deren Längenausdehnung man an einer Skala ablesen kann.

Kräfte sind darüber hinaus Größen, bei denen nicht nur der zahlenmäßige **Betrag**, sondern auch die **Richtung** eine große Rolle spielt.

Sicher leuchtet dir sofort ein, dass es beispielsweise für die Änderung der Bewegungsrichtung eines Balls einen Unterschied macht, ob er eine Kraft von links oder von rechts erfährt. Um nun auch die Kraftrichtung zum Ausdruck bringen zu können, werden Kräfte durch Pfeile symbolisiert. Die Länge eines Kraftpfeils ist dabei ein Maß für den Betrag der Kraft.

Den Anfangspunkt eines Kraftpfeils zeichnest du an der Stelle ein, an dem die Kraft angreift. Manchmal ist allerdings kein Angriffspunkt vorgegeben. Dann wählt man den so genannten Schwerpunkt des Körpers (dies ist bei Körpern aus einem homogenen Material einfach der Mittelpunkt) als Angriffspunkt. Denke daran, dass ein Kraftpfeil in Längsrichtung beliebig weit verschoben werden kann, ohne dass sich an seiner Wirkung etwas ändert. So kann man den Anfangspunkt des Kraftpfeils fast immer bis zum Schwerpunkt des Körpers verschieben.

2.2 Zusammensetzen und Zerlegen von Kräften

Ziehen zwei Personen mit gleicher Kraft und in gleicher Richtung an einem Gegenstand, so verdoppelt sich die Kraftwirkung auf den Gegenstand. Ziehen sie aber entgegengesetzt, gleichen sich ihre Kraftwirkungen auf den Gegenstand aus (unter der Voraussetzung, dass sie keine Drehwirkung hervorrufen). Bei verschieden starken Kräften addieren bzw. subtrahieren sich die gleichgerichteten bzw. entgegengesetzten Kräfte. Einzelkräfte kannst du also zu einer Gesamtkraft zusammensetzen, welche die gleiche Wirkung hervorruft wie das Zusammenspiel der Einzelkräfte. Man nennt sie auch **resultierende Kraft** oder **Ersatzkraft.**
Komplizierter wird es, wenn die einzelnen Kraftwirkungen nicht parallel sind. Dann wirken sie zum Teil zusammen, zum Teil gegeneinander. Die Folge ist, dass du jetzt nicht mehr einfach die Beträge der

Kräfte addieren oder subtrahieren darfst, sondern auch ihre Richtungen berücksichtigen musst. Dies geschieht durch die Addition der Kraftpfeile. Diese Pfeiladdition (auch Vektoraddition genannt) berücksichtigt automatisch, zu welchen Teilen und in welchen Richtungen die Kräfte zusammen- bzw. gegeneinander wirken.

Der Tanker bewegt sich in Längsrichtung, obwohl die beiden Schlepper gar nicht in diese Richtung ziehen. Die Kräfte der beiden Schlepper haben zusammen also eine Wirkung wie eine einzelne Kraft, die in Längsrichtung des Tankers zieht. Der Betrag der Kraft, mit welcher der Tanker gezogen wird, ist hier größer als die Kraft eines einzelnen Schleppers, aber nicht so groß wie die Summe der Schlepperkräfte.

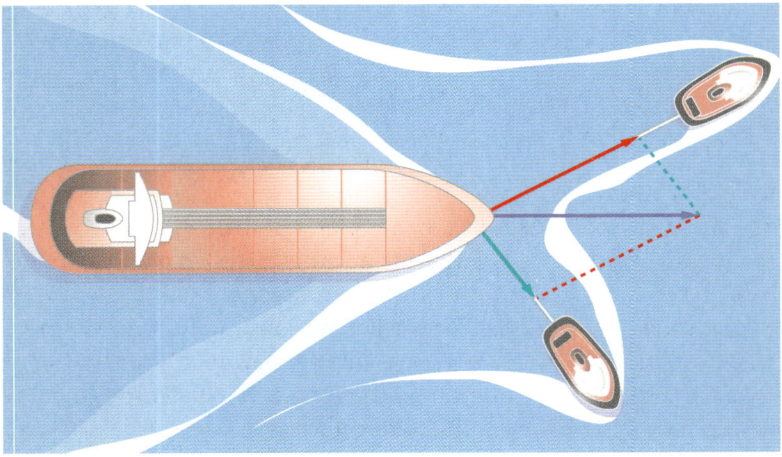

Die aus zwei Einzelkräften zusammengesetzte Ersatzkraft kannst du zeichnerisch bestimmen.
Dazu müssen die Längen der Kraftpfeile den tatsächlichen Kräften entsprechen (z. B. 1 cm für je 10 000 N). Du musst einen der Pfeile so lange parallel verschieben, bis er mit seinem Anfangspunkt an der Spitze des anderen Pfeils liegt. Verbindest du dann den Anfangspunkt des ersten Pfeils mit der Spitze des zweiten Pfeils, so erhältst du den resultierenden Kraftpfeil. Seine Richtung gibt die Kraftrichtung, seine Länge den korrekten Betrag der Ersatzkraft an. Du kannst auch noch

den zweiten Pfeil genauso verschieben und an den anderen anhängen, wie du es beim ersten getan hast. Dann erhältst du das so genannte **Kräfteparallelogramm**, dessen Seiten die Einzelkräfte und dessen Diagonale die Ersatzkraft bilden.

Greifen zwei Kräfte an einem gemeinsamen Punkt an, so kann man sie durch eine einzige Kraft ersetzen. Diese Ersatzkraft gewinnt man, indem man die Kraftpfeile durch Parallelverschiebung aneinander hängt bzw. aus den beiden Kräften ein Kräfteparallelogramm bildet.

Ziehen die beiden Schlepper in einem sehr großen Winkel zueinander, dann kann die resultierende Kraft sogar kleiner sein als die Einzelkräfte. Die Schlepper arbeiten dann sozusagen mehr gegen- als miteinander.

Neben dem Zusammensetzen von Kräften ist es zuweilen auch notwendig, umgekehrt vorzugehen und eine bestehende Kraft in **Teilkräfte** zu zerlegen. Wir führen die Überlegungen für ein einfaches Beispiel durch:
Eine Kiste, die auf einer glatten, geneigten Rampe (einer so genannten „schiefen Ebene“) abgestellt ist, hat eine nach unten gerichtete Gewichtskraft. Diese Gewichtskraft verursacht zwei Wirkungen: Sie beschleunigt erstens die Kiste die Rampe entlang und drückt zweitens auf die Rampe. Die Wirkungen sind also genau so, als ob zwei einzelne Kräfte im Spiel wären; man kann daher die verursachende Kraft wirkungsgleich in zwei Kräfte zerlegen.
Zunächst überlegen wir uns die Richtungen der Einzelkräfte: Die Beschleunigungskraft ist parallel zur Beschleunigungsrichtung, also die Schräge hinabgerichtet, denn nur in diese Richtung bewegt sich die Kiste; diese Kraft wird auch **Hangabtriebskraft** (F_H) genannt. Die Aufliegekraft steht senkrecht zur Auflagefläche, denn in dieser Richtung würde sich eine elastische Rampe verformen. Man bezeichnet diese Kraft als **Normalkraft** (F_N) (in der Mathematik heißt die Senkrechte auf eine Ebene „Normale“).
Nun kümmern wir uns um die Beträge der Einzelkräfte. Die Beschleunigungskraft und die Aufliegekraft sind hier kleiner als die Gewichts-

kraft. Denn die Kiste würde stärker beschleunigen, wenn man sie direkt nach unten fallen ließe, und sie würde eine waagerechte Fläche auch stärker verformen. Du kannst die Beträge der einzelnen Kräfte zeichnerisch mit einem Kräfteparallelogramm wie bei der Kräfteaddition ermitteln, nur ist diesmal die Diagonale (die Resultierende) vorgegeben. Ziehe einfach zwei Strahlen vom Anfangspunkt der ursprünglichen Kraft in die Richtungen der Einzelkräfte. Ziehe dann die Parallelen dieser Strahlen durch den Endpunkt des ursprünglichen Kraftpfeils und konstruiere damit das Kräfteparallelogramm. Die Länge der Pfeile kannst du anschließend ablesen und wieder in die Einheit Newton umrechnen.

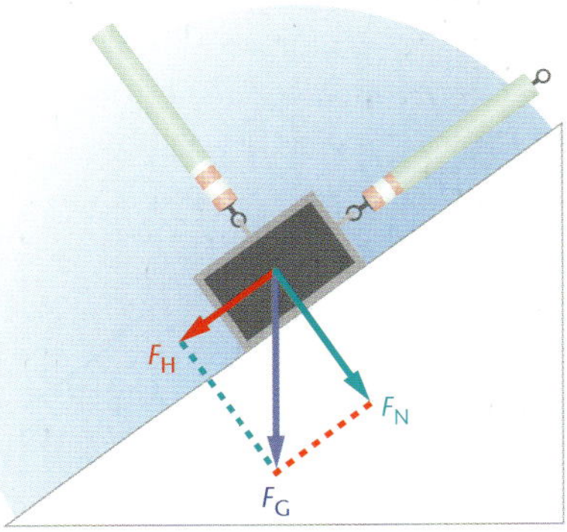

Es gibt viele Möglichkeiten, eine Kraft in Einzelkräfte zu zerlegen. Wenn du dir über die Zerlegungsrichtung nicht sicher bist, so gibt es einige Hilfen, an denen du dich orientieren kannst:

- *An Seilen können nur Zugkräfte in Längsrichtung wirken, sonst verlieren sie ja ihre Form.*
- *Bei Schraubenfedern sind ebenfalls nur Kräfte in Längsrichtung möglich, hier allerdings in beiden Richtungen.*
- *Häufig muss die Gewichtskraft zerlegt werden. Diese wirkt natürlich immer senkrecht nach unten.*
- *Oft sind die Zerlegungsrichtungen durch bestimmte Elemente vorgegeben, z. B. entlang von Stangen, als Zug- oder Druckkräfte auf eine Befestigung, in einer bestimmten Bewegungsrichtung usw.! Versuche, solche Vorgaben in den entsprechenden Abbildungen herauszufinden.*

2.3 Masse und Gewichtskraft

Hältst du eine Tafel Schokolade in die Höhe und lässt sie anschließend los, so fällt sie zu Boden. Diese Änderung des Bewegungszustandes muss ihre Ursache wie immer in einer Kraft haben. Diese wird **Gewichtskraft** genannt. Ursache dieser Kraft ist die gegenseitige Anziehung zwischen allen Körpern (die so genannte **Gravitation**) – in diesem Fall zwischen der Erde und der Schokoladentafel. Die Gewichtskraft der Schokolade lässt sich messen, etwa indem man die Tafel wie im vorangegangenen Kapitel an einem Kraftmesser aufhängt. Er zeigt dann die Gewichtskraft in Newton (hier etwa 1 N) an.

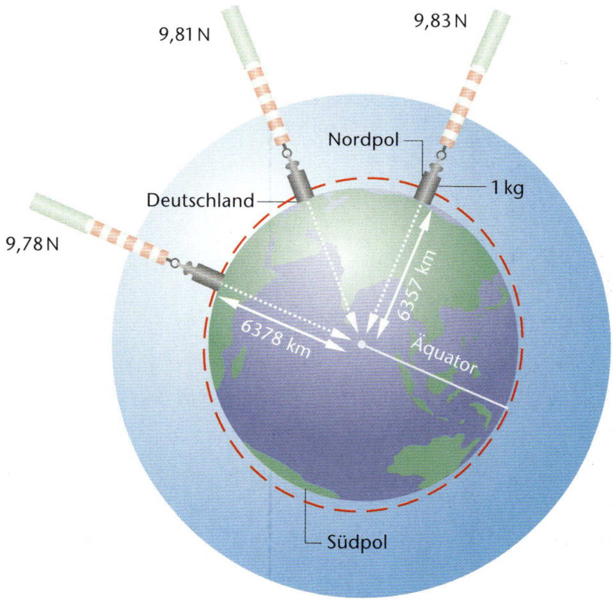

Hat man einen sehr präzisen Kraftmesser zur Verfügung, so ließe sich feststellen, dass er etwa am Äquator einen etwas kleineren Wert für die Gewichtskraft anzeigt als an den Polen der Erde (die Messdifferenz liegt bei etwa 0,6 %). Noch deutlicher würde der Unterschied, wenn man mit dem Kraftmesser auf den Mond fliegen würde. Hier würde er nur knapp 1/6 der auf der Erde angezeigten Gewichtskraft messen. Offensichtlich ist die Gewichtskraft also eine ortsabhängige Größe.

Die Ortsabhängigkeit kann aber nicht die Hauptursache bei der Gewichtskraft sein. Das eigentliche Vermögen, Gewichtskraft hervorzurufen, muss vielmehr in dem Körper selbst stecken. Außerdem muss es eine Größe sein, die nicht vom Ort abhängt, denn ein Körper ändert sich durch einen Ortswechsel ja nicht. Diese Größe ist die **Masse.** Man sieht die Masse sogar als die Ursache der Gewichtskraft an. Jeder Körper hat eine Masse.

Die Gewichtskraft ist vom Ort der Messung abhängig.
Die Masse ist dagegen eine ortsunabhängige Eigenschaft eines jeden Körpers. Sie ist die Ursache für die Gewichtskraft.
Die Einheit der Masse ist 1 Kilogramm (1 kg).

Eine Tafel Schokolade (ohne Papier) hat z. B. etwa eine Masse von 0,1 kg.
Zwischen Masse und Gewichtskraft besteht dabei folgende Beziehung: An einem festen Ort ist die Gewichtskraft eines Körpers (Größensymbol F_G) umso größer, je größer seine Masse m ist. Es gilt also $F_G \sim m$. An einem anderen Ort gilt ebenfalls $F_G \sim m$, nur sind je nach geographischer Lage alle Gewichtskräfte um einen bestimmten Bruchteil größer oder kleiner als am ersten Ort. Diese Ortsabhängigkeit berücksichtigt man einfach durch einen Faktor, den so genannten **Ortsfaktor.** Er bekommt solche Zahlenwerte und eine Einheit, dass man das Zeichen „~" bei $F_G \sim m$ durch „=" ersetzen kann. Es gilt also:

$$\text{Gewichtskraft} = \text{Masse} \cdot \text{Ortsfaktor} \quad \text{bzw.} \quad F_G = m \cdot g\,.$$

Deutschland:	$g = 9{,}81\ \frac{\text{N}}{\text{kg}}$
Nordpol:	$g = 9{,}83\ \frac{\text{N}}{\text{kg}}$
Äquator:	$g = 9{,}78\ \frac{\text{N}}{\text{kg}}$
Mond:	$g = 1{,}62\ \frac{\text{N}}{\text{kg}}$

Eine Schokoladentafel (mit Papier $m = 102\,g = 0{,}102\,kg$) erfährt folgende Gewichtskraft:

in Deutschland: $F_G = 0{,}102\,kg \cdot 9{,}81\,\frac{N}{kg} = 1{,}000\,N$,

am Äquator: $F_G = 0{,}102\,kg \cdot 9{,}78\,\frac{N}{kg} = 0{,}998\,N$,

auf dem Mond: $F_G = 0{,}102\,kg \cdot 1{,}62\,\frac{N}{kg} = 0{,}165\,N$.

Tipp!

Wenn du dir unter der Masse immer noch nichts Anschauliches vorstellen kannst, liegt das nicht daran, dass du etwas nicht verstanden hast. Die Masse ist nun einmal eine vollkommen abstrakte Größe.
Der Umgang mit der Masse ist im Gegensatz zur Begriffsklärung unkompliziert. Für Rechnungen steht ja auch nur eine Formel, welche die Masse enthält, zur Verfügung. Vor allem musst du Masse und Gewichtskraft auseinander halten und dir merken, dass die Masse die grundlegende, ortsunabhängige Größe ist.

Die Badezimmerwaage gibt das Wiegeergebnis in Kilogramm an, obwohl sie genau genommen die Gewichtskraft misst. Stillschweigend gehen die Hersteller vom Ortsfaktor 9,81 N/kg der mittleren Breiten (zu denen Deutschland gehört) aus und rechnen damit die Gewichtskräfte in Massen um. Dieses Verfahren ist akzeptabel, da die möglichen Ungenauigkeiten für das menschliche Gewicht unbedeutend sind.
Für Präzisionsmessungen in der Wissenschaft oder bei teuren Materialien (z. B. Gold) greift man lieber auf die Balkenwaage und einen genormten Satz von Gewichten (mit genau festgelegten Massen) zurück.

Weiter gehende Untersuchungen haben gezeigt, dass die Masse nicht nur die Gewichtskraft, sondern sogar die gegenseitige Anziehung aller Körper bewirkt. Die Anziehung zwischen den Körpern auf der Erde ist aber winzig klein, sodass sie für uns im Alltag nicht wahrnehmbar ist (aber mit empfindlichen Geräten dennoch messbar!). Erst die ungeheuer große Masse der Erde oder auch anderer Himmelskörper lässt deren Anziehungskraft spürbar werden.
Die Ortsabhängigkeit der Gewichtskraft auf der Erde geht übrigens in erster Linie auf die unterschiedliche Entfernung zwischen den angezogenen Körpern und dem Erdmittelpunkt zurück (wegen der Abflachung der Erde an den Polen liegt der Nordpol etwas näher am Erdmittelpunkt als der Äquator, daher ist die Massenanziehung und damit die Gewichtskraft dort etwas größer).
Die Masse hat noch eine weitere Bedeutung: Sie beschreibt nämlich, wie stark sich ein Körper gegen eine Beschleunigung wehrt. Je größer die Masse eines Körpers ist, desto mehr Kraft muss man aufwenden, um die Geschwindigkeit oder Bewegungsrichtung des Körpers zu ändern. Daher bezeichnet man die Masse auch als Trägheit oder als Beharrungsvermögen.

Um auf dem Mond einen Wagen anzuschieben ist für die gleiche Wirkung die gleiche Kraft erforderlich wie auf der Erde (obwohl die Gewichtskraft des Wagens auf dem Mond stark reduziert ist). Denn die Masse des Wagens und damit die Trägheit ist auf dem Mond genauso groß wie auf der Erde.

2.4 Dichte

Ein Holzblock wiegt schwerer in der Hand als ein Schraubenschlüssel. Dennoch stuft man das Material Holz umgangssprachlich als eher „leicht" im Vergleich zu Eisen oder Stahl ein. Der Holzblock hat nämlich nur deshalb ein größeres Gewicht, weil er ein viel größeres Volumen besitzt. Die angesprochene Materialeigenschaft „leicht" oder „schwer" meint präzise ausgedrückt die Masse bei einem bestimmten Standardvolumen (etwa $1\,\text{cm}^3$) oder die Masse pro Standardvolumen (was beides auf das Gleiche herauskommt). Diese Kenngrößen sind von der Größe eines Körpers unabhängig. Man vergleicht mit ihnen bildlich gesprochen nur noch gleich große, genormte Probekörper aus den entsprechenden Materialien (etwa Würfel mit Kantenlänge 1 cm). In den Naturwissenschaften verwendet man als Materialkenngröße die Masse pro Standardvolumen und bezeichnet sie als **Dichte** (Größensymbol: ρ, der griechische Buchstabe „rho"). Man erhält die Dichte eines Körpers, indem man einfach seine Masse durch sein Volumen teilt.

Die Dichte ist eine Materialkonstante, die sich mit den Methoden aus Kapitel 1.3 und 1.4 ableiten lässt: Erinnere dich an den Heimversuch aus Aufgabe 2 des 1. Kapitels. Du hast eine Flüssigkeit oder Zucker oder ein ähnliches Material in einen Messbecher gefüllt und dann das Gewicht (seit dem letzten Kapitel sagen wir besser: die Masse) zu verschiedenen Füllständen mithilfe einer Waage ermittelt. Als Ergebnis der Messreihe ergab sich ein proportionaler Zusammenhang zwischen der Masse und dem Volumen. Der Quotient aus Masse und Volumen ist demzufolge eine Konstante. Für verschiedene Materialien ergaben sich verschiedene Werte der Konstanten.

Die Dichte ist eine Material- bzw. Stoffeigenschaft.

$$\text{Dichte} = \frac{\text{Masse}}{\text{Volumen}} \quad \text{oder als Formel:} \quad \rho = \frac{m}{V}.$$

Die Dichte eines Stoffes lässt sich mit dem Teilchenmodell veranschaulichen. Wenn du dir einen Stoff aus vielen kleinen Kugeln zusammengesetzt vorstellst, so ist die Dichte umso größer, je „schwerer" die Kugeln sind (also $\rho \sim m$, m : Gesamtmasse aller Kugeln) und je weniger Raum sie beanspruchen (also $\rho \sim 1/V$). Das zweite Merkmal entspricht genau der umgangssprachlichen Vorstellung der Dichte. Denn je weniger Platz die Kugeln beanspruchen, desto enger („dichter") liegen sie beieinander.
Anhand dieses Modells wird klar, dass die Dichte von äußeren Bedingungen abhängig ist, denn das Volumen ist ja beispielsweise eine Größe, die sich etwa mit der Temperatur verändert (die meisten Materialien dehnen sich bekanntlich bei Erwärmung aus). Wenn man also einen Messwert für die Dichte angibt, so muss man dazu die Umgebungstemperatur nennen. Für Tabellen wird in der Regel eine Temperatur von 20 °C gewählt.
Die Einheit der Dichte wird wieder durch die Maßeinheiten von Masse und Volumen festgelegt, für die man hier wegen der unpraktischen Größenordnungen ausnahmsweise nicht die Grundeinheiten verwendet. Tabellenwerte werden in der Einheit g/cm^3 angegeben.

Silber hat eine Dichte von $10{,}5\ g/cm^3$. Ein Antiquitätenhändler möchte feststellen, ob ein silbernes Tafelmesser vollständig aus Silber besteht oder nur eine Silberschicht aufweist. Mit einem Überlaufgefäß bestimmt er das Volumen mit $35\ cm^3$. Welche Masse muss das Messer haben, wenn es aus massivem Silber besteht?

Lösung: $\rho = \frac{m}{V} \Rightarrow m = \rho \cdot V = 10{,}5\ \frac{g}{cm^3} \cdot 35\,cm^3 = 367{,}5\,g.$

2.5 Druck

Der Begriff Druck wird im Alltag bei den verschiedensten Gelegenheiten verwendet. Man „drückt“ z. B. auf einen Knopf oder prüft den Luftdruck in einem Fahrradreifen. In der Physik ist der Druck eine physikalische Größe, mit der man die messbaren Auswirkungen, die bei solchen Situationen auftreten, genau beschreiben kann. Wir leiten die Größe Druck mithilfe des folgenden Beispiels her:

Eine Tänzerin tritt mit ihrem Schuhabsatz auf den Fuß ihres Tanzpartners. Die messbare, objektive Auswirkung des Fehltritts nennen wir **Druck** (Größensymbol: p). Der Druck wird nun zum einen proportional zur Kraft (F) sein, mit der die Tänzerin auf den Fuß einwirkt, es gilt also $p \sim F$. Zum anderen wird die Wirkung auch umso größer sein, je kleiner die Einwirkungsfläche ist, d.h., je kleiner und spitzer die Absatzfläche ist (denke z. B. an „Pfennigabsätze“). Der Druck ist also auch umgekehrt proportional zur Fläche A, $p \sim 1/A$. Man kann beide Abhängigkeiten zusammenfassen (vergleiche Kapitel 1.4) und findet demnach, dass der Druck proportional zum Quotienten aus Kraft und Einwirkungsfläche ist, d.h. $p \sim F/A$. Da dieser Quotient die Sachlage so treffend beschreibt, legt man ihn einfach als Druck fest:

$$\textit{Druck} = \frac{\textit{Kraft}}{\textit{Fläche}} \qquad \text{oder als Formel:} \qquad p = \frac{F}{A}.$$

Wichtig ist noch, dass die Kraftrichtung senkrecht auf der Einwirkungsfläche steht. Für die Einheit des Drucks benutzt man die bekannten Einheiten der beiden Größen Kraft (1 Newton) und Fläche ($1\,m^2$). Der Quotient dieser beiden Einheiten erhält eine neue Bezeichnung, nämlich 1 Pascal (1 Pa), benannt nach dem französischen Naturwissenschaftler und Philosophen Blaise Pascal (1623–1662).

Einheit des Drucks: $1\,\text{Pa} = \dfrac{1\,\text{N}}{1\,\text{m}^2}$.

Beträgt die Absatzfläche eines Tanzschuhs $2\,\text{cm}^2$ und belastet die Tänzerin den Absatz mit 200 N, übt sie mit dem Absatz folgenden Druck aus:

$$p = \frac{200\,\text{N}}{2\,\text{cm}^2} = \frac{200\,\text{N}}{0{,}0002\,\text{m}^2} = 1\,000\,000\,\frac{\text{N}}{\text{m}^2} = 1\,000\,000\,\text{Pa}.$$

Ein solch großer Druck verursacht erhebliche Schmerzen. Würde die Kraft dagegen über eine Absatzfläche von etwa $5\,\text{cm} \cdot 5\,\text{cm} = 25\,\text{cm}^2$ einwirken, betrüge der Druck nur noch 80 000 Pa.

Auch hinter dem Luftdruck, von dem etwa im Wetterbericht die Rede ist, oder dem Wasserdruck, der Tauchern zu schaffen macht, steckt die physikalische Größe Druck. Wir zeigen die typischen Merkmale solcher Situationen wieder an einem Beispiel:
Wenn du einen Luftballon aufbläst, so dehnt er sich nach allen Seiten aus. Die Verformung zeigt an, dass Kräfte auf die Ballonhülle wirken (vergleiche Kap. 2.1). Die Luft steht sozusagen unter einem Spannungszustand und „drückt" auf die Begrenzungsflächen. Man sagt auch, die Luft steht unter Druck. Im Unterschied zum ersten Beispiel ist hier die Kraftwirkung des Drucks nicht auf eine Richtung beschränkt. Stellt man sich nämlich die Begrenzungsflächen in viele kleine Flächenstücke unterteilt vor, wirkt auf jedes Flächenstück eine Kraft. Sie steht stets senkrecht auf dem jeweiligen Flächenstück, da sie versucht, die Begrenzungsfläche wegzudrücken.
Die Erzeugung von Druck und die Druckwirkungen kannst du dir mit dem Teilchenbild anschaulich vorstellen. Zunächst wird durch das Einblasen von Luft auf die bereits im Bereich des Ventils befindlichen Teilchen eine Kraft ausgeübt. Diese Teilchen stoßen mit anderen

Teilchen im Inneren des Ballons zusammen und geben die Kraft damit weiter. Da die gestoßenen Teilchen je nach Auftreffwinkel in verschiedene Richtungen bewegt werden und weitere Stöße verursachen, wird die ursprünglich gerichtete Einblaskraft am Ventil schließlich überall im Luftballon wirksam und in alle möglichen Richtungen umgelenkt. Auch an den Begrenzungsflächen erfolgen diese Stöße. Sie haben dabei die gleiche Wirkung wie eine gleich bleibende Kraft, die senkrecht zur Begrenzungsfläche gerichtet ist. Die gleichen Überlegungen gelten, wenn man den Luftballon oder irgendein anderes Gefäß mit einer Flüssigkeit füllt, nur sind die einzelnen Teilchen dicht benachbart. Der Druck von Flüssigkeiten hat also die gleichen Eigenschaften wie der von Gasen.

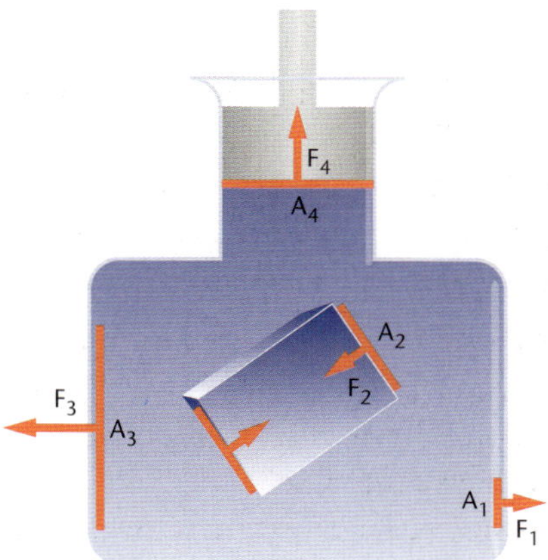

Die physikalische Größe Druck beschreibt treffend den Spannungszustand eines Gases bzw. einer Flüssigkeit. Der Druck gibt ebenso wie im ersten Beispiel an, wie stark die Luft oder Flüssigkeit auf die Begrenzungsflächen einwirkt. Sinnvollerweise sollten bei einem bestimmten Spannungszustand Messungen an verschiedenen Flächenstücken den gleichen Wert für den Druck ergeben. Dies ist in der Tat der Fall, sogar wenn die Flächenstücke unterschiedlich groß sind. Je größer nämlich ein Flächenstück ist, desto mehr Teilchen stoßen auf die Fläche und desto größer ist die Kraft auf das Flächenstück. Kraft F und Einwirkungsfläche A sind also proportional zueinander und ihr Quotient ist damit konstant.

Tipp!

Manche sagen, der Druck eines Gases oder einer Flüssigkeit wirkt in alle Richtungen, andere behaupten, dass ein solcher Druck gar keine Richtung hat (beide Parteien haben in gewisser Weise Recht). Auf der sicheren Seite bewegst du dich, wenn du dem Druck gar keine Richtung zuweist und immer nur im Zusammenhang mit der Kraft von einer Richtung redest.

Verschiedene Maschinen arbeiten mit hydraulischer Kraftübertragung (zu griechisch hydraulis „Wasserorgel"): Auf eine vollständig mit Wasser gefüllte Wasserleitung wird am einen Ende über eine Art Stempel eine Kraft ausgeübt. Diese erzeugt einen Wasserdruck, der überall in der Leitung Kräfte auf die Leitungshülle ausübt. Am anderen Ende der Leitung befindet sich ebenfalls eine Art Stempel, an dem die Druckkraft in Bewegung umgesetzt wird.

Auf den Kolben einer Fahrradluftpumpe mit der Querschnittsfläche $A = 6\ cm^2$ wird von der Hand eine Kraft von 72 N ausgeübt. Mit welchem Druck wird Luft in den Reifen gepumpt?

Lösung: $p = \frac{72\ N}{6\ cm^2} = \frac{72\ N}{0{,}0006\ m^2} = 120\,000\ Pa = 120\ kPa.$

Die Luft strömt unter einem Druck von 120 kPa in den Reifen.

Schweredruck

In jeder Flüssigkeit herrscht auch ohne eine äußere Kraftwirkung ein Druck. Der Spannungszustand wird hier einfach über die Gewichtskraft der Flüssigkeit erzeugt. Die oberhalb liegenden Flüssigkeitsschichten lasten mit ihrer Gewichtskraft wie ein Kolben auf den tiefer liegenden Schichten. Man spricht daher auch von **Schweredruck.**

Jeder Taucher weiß, das der Wasserdruck mit zunehmender Tiefe immer größer wird. Tiefseetaucher müssen sich daher mit massiven Anzügen und Helmen vor dem enormen Druck in großen Wassertiefen schützen. Doch selbst mit solchen Hilfsmitteln ist der Druck nur bis zu Wassertiefen von etwa 100 m überhaupt für Menschen aushaltbar.

In allen Flüssigkeiten herrscht Schweredruck. Er wirkt in alle Richtungen und ist in gleicher Tiefe überall gleich groß. Mit zunehmender Tiefe wächst auch der Schweredruck.

Vergleicht man verschiedene Flüssigkeiten miteinander, so stellt man zudem fest, dass auch die Art der Flüssigkeit – genauer gesagt ihre Dichte – für den Schweredruck eine Rolle spielt. Rufe dir in Erinnerung, dass die Gewichtskraft von Masse und Ortsfaktor abhängt. Wenn du nun die Dichteformel nach $m = \rho \cdot V$ auflöst, so wird klar, dass die Masse einer Flüssigkeit (solange das Volumen gleich bleibt) mit größer werdender Dichte immer mehr zunimmt. Je enger die Teilchen zusammenliegen, desto mehr passen in ein gegebenes Volumen! Steigt aber die Masse, so muss auch die Gewichtskraft immer größer werden. Insgesamt hängt der Schweredruck (p) damit von der Wassertiefe (h), der Dichte (ρ) und dem Ortsfaktor (g) ab.
Beschreibt man dies in einer Formel, so erhält man:

Schweredruck: $p = \rho \cdot g \cdot h.$

Welcher Schweredruck lastet auf einem U-Boot in einer Wassertiefe von 300 m (in mittleren Breiten)?
(Dichte von Meerwasser: $\rho = 1{,}02\,\frac{\text{g}}{\text{cm}^3}$)

Lösung: $p = \rho \cdot g \cdot h$

$$= 1{,}02\,\frac{\text{g}}{\text{cm}^3} \cdot 9{,}81\,\frac{\text{N}}{\text{kg}} \cdot 300\text{ m}$$

$$= 1020\,\frac{\text{kg}}{\text{m}^3} \cdot 9{,}81\,\frac{\text{N}}{\text{kg}} \cdot 300\text{ m}$$

$$= 3\,001\,860\text{ Pa} = 3002\text{ kPa}$$

(zum Vergleich: Der Blutdruck des Menschen beträgt etwa 15 kPa).

Luftdruck

Auch Gase haben eine Gewichtskraft, denn auch jedes Gasteilchen wird ja von der Erde angezogen. Die über uns liegenden Luftschichten der Erdatmosphäre sind mehrere 100 km dick. Damit besitzt auch die uns umgebende Luft einen Schweredruck, den wir als **Luftdruck** bezeichnen.
Wollte man allerdings die Formel für den Schweredruck einer Flüssigkeit für den Luftdruck übernehmen, so würde man auf Schwierigkeiten stoßen. Da Luft nämlich wie jedes Gas kompressibel ist (also zusammengedrückt werden kann), ist die Dichte der Luft auf Höhe des Meeresspiegels deutlich größer als in höheren Luftschichten, da hier die Luft durch die größere Gewichtskraft der darüber liegenden Luftschichten stärker zusammengedrückt wird.
Aber selbst am Erdboden ist der Luftdruck natürlichen Schwankungen unterworfen. Bei Hochdruckwetterlagen beträgt er bis zu 1030 hPa (1 hPa = 1 Hektopascal = 100 Pa), in einem Tiefdruckgebiet kann der Wert auf 970 hPa fallen. Luftdruckmessungen führt man übrigens mit so genannten **Barometern** durch, die man häufig auch für die „private Wettervorhersage" an der Wohnungs- oder Balkonwand aufhängt.
Mit zunehmender Höhe nimmt der Luftdruck unabhängig von der Wetterlage ab. Mit etwa 8 m Höhenzunahme sinkt der Luftdruck dabei in Bodennähe um 1 hPa. Da – wie erwähnt – die Dichte der Luft mit

zunehmender Höhe ebenfalls abnimmt, ist dieser Wert nicht gleich bleibend. Die Luftdruckabnahme ist in großen Höhen erheblich geringer. Die Abnahme des Luftdrucks mit der Höhe nutzt man auch beim Bau von Höhenmessern aus.

Den durch die Gewichtskraft der Luft verursachten Schweredruck bezeichnet man als Luftdruck. Er beträgt am Boden etwa 1000 hPa.

Sicherlich hast du schon häufig den Begriff „Überdruck" oder auch „Unterdruck" gehört. Damit meint man einen im Vergleich zum Umgebungsdruck höheren oder niedrigeren Druck. In einem Autoreifen etwa muss ein Überdruck gegenüber der umgebenden Luft herrschen, damit er in Form bleibt. Das Manometer an der Tankstelle gibt daher auch nur diesen Luftdruckunterschied an, nicht den absoluten Druck im Reifen, der aufgrund des zusätzlichen Umgebungsluftdrucks deutlich höher ist.
Vielleicht habt ihr im Physik- oder Chemieunterricht schon einmal eine Vakuumpumpe eingesetzt. Mit ihr kann man die Luft aus einem abgeschlossenen Gefäß herauspumpen. Dabei entsteht dann natürlich ein Unterdruck. Erst der vollständig luftleere Raum wird dann als **Vakuum** bezeichnet.

In jeder Fernsehröhre befindet sich ein recht gutes Vakuum. Eine mittlere Bildröhre hat bereits eine Bildschirmfläche von etwa 0,2 m^2. Bei einem mittleren Luftdruck von 1000 hPa wirkt auf diese Fläche von außen eine Kraft von $F = p \cdot A = 100\,000\,\text{Pa} \cdot 0{,}2\,\text{m}^2 = 20\,000\,\text{N}$. Das entspricht der Gewichtskraft eines Zweitonners!

2.6 Übungen und Aufgaben

A 1 Ein hochwertiges Abschleppseil enthält außer dem eigentlichen Seil noch eine Dämpfungsfeder, um z. B. das ruckartige Ziehen beim Anfahren zu vermeiden. Solche Federn haben eine Federhärte von etwa D = 150 N/cm. Berechne, um welche Strecke sich die 20 cm lange Feder verlängert, wenn das Zugfahrzeug beim vorsichtigen Anfahren mit einer Kraft von 2500 N zieht.

A 2 Die Feder eines Stoßdämpfers bei einem Personenwagen hat eine Federhärte von 24 N/mm. Wie groß muss die Kraft auf die Feder sein, wenn sie um 4,8 cm zusammengestaucht werden soll?

A 3 Zwei Pferde ziehen gemeinsam einen Planwagen. Bestimme zeichnerisch den Betrag der Ersatzkraft, wenn ein Pferd mit 1500 N und eines mit 1800 N an der Deichsel zieht und die beiden Kräfte einen Winkel von 25° einschließen (1 cm entspricht 200 N).

A 4 Zwei Kräfte von gleichem Betrag setzen an einem Punkt an. In welchem Winkel zueinander müssen die beiden Kräfte stehen, damit die resultierende Kraft (Ersatzkraft) ebenfalls diesen Betrag hat?

A 5 Eine Lampe mit einer Gewichtskraft von 200 N wird an einer Wand mithilfe von zwei Stangen aufgehängt. Ermittle zeichnerisch durch Zerlegung der Gewichtskraft die Größe der beiden Kräfte, die auf die waagerechte und die diagonale Stange einwirken.

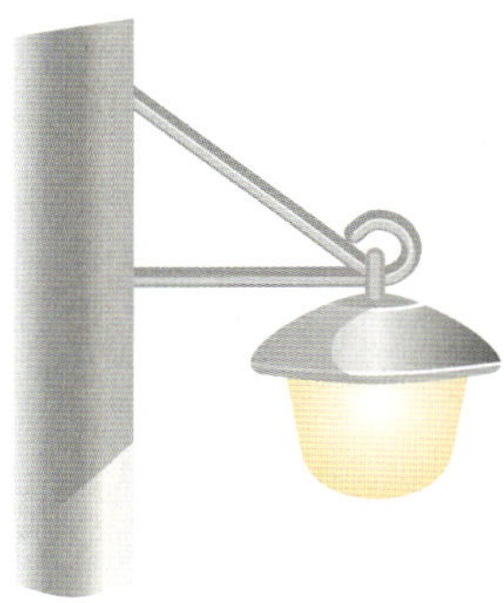

A 6 Mehl wird häufig in 1-kg-Packungen angeboten. Man könnte die Mehlpackung auch ein klein wenig größer machen und „10 N" auf die Packung schreiben. Warum ist das nicht sinnvoll?

A 7 Ein Paket mit Zucker wird auf dem Mond an einen Kraftmesser gehängt. Er zeigt 30 N an. Eine andere Packung trägt die Aufschrift 6 kg. Welche Packung enthält mehr Zucker? Wie würde die Antwort lauten, wenn sich die gleichen Angaben auf der Erde ergeben hätten?

A 8 Ein Astronaut, der vor seinem Mondflug sein Reisegepäck mit einer Personenwaage abwiegt, liest den Wert 70 kg ab. Welche Größe hat er in Wirklichkeit gemessen? Er nimmt seine Waage mit auf den Mond. Was zeigt sie dort an? Was ändert sich, wenn er stattdessen eine Balkenwaage benutzen würde?

A 9 Auf einer Baustelle werden rechteckige, massive Eisenträger (Dichte von Eisen: ($\rho = 7{,}86\,\text{g/cm}^3$) mit einer Länge von 10 m und einer Querschnittsfläche von $650\,\text{cm}^2$ geliefert. Der Baukran darf Lasten bis 30 t heben. Wie viele Träger können gleichzeitig angehoben werden?

A 10 Welches Volumen nimmt ein 1-kg-Barren Gold ein (Dichte: $\rho = 19{,}3\,\text{g/cm}^3$)? Vergleiche mit dem Volumen eines 1-kg-Barrens aus Eisen (Dichte: $\rho = 7{,}86\,\text{g/cm}^3$).

A 11 Worin liegen die Unterschiede zwischen Druck und Kraft?

A 12 Das menschliche Ohr vernimmt ein sehr leises Geräusch, wenn der Schalldruck mindestens 0,00002 Pa beträgt. Andererseits wird ein Schalldruck von mehr als 20 Pa als schmerzhaft empfunden. Berechne, welche Kräfte bei diesen Grenzwerten auf das Trommelfell einwirken, wenn es eine Fläche von etwa 1 cm^2 besitzt.

A 13 Warum kann ein Skifahrer problemlos über den Schnee gleiten, während er ohne Ski sofort einsinken würde?

A 14 **Heimversuch:** Fülle ein Glas randvoll mit Wasser und lege eine Ansichtskarte oder einen Bierdeckel auf das Glas. Presse die Karte fest auf das Glas und drehe es um, sodass die Karte nun das Wasser im Glas hält. Du kannst jetzt die Karte loslassen, ohne dass das Wasser herausfließt (zur Vorsicht über einem Becken versuchen!). Was hält die Karte an ihrem Platz?

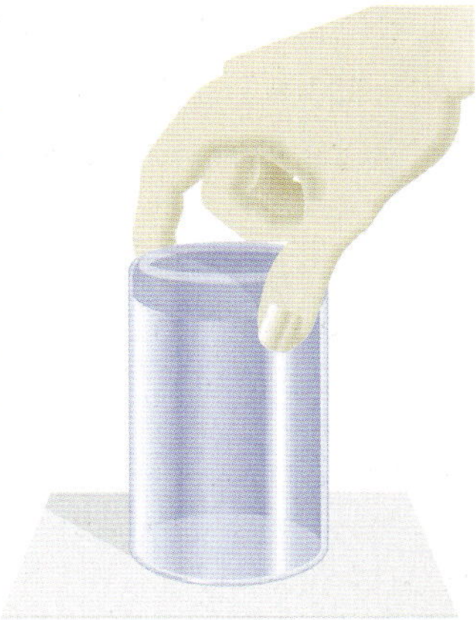

A 15 **Heimversuch:** Versuche, die Spitze eines Bleistifts in ein Stück Knetgummi oder einen weichen Radiergummi zu drücken – das gelingt leicht! Warum ist dies trotz großer Kraftanstrengung nahezu unmöglich, wenn man zwischen Bleistift und Knetmasse eine kleine Münze legt?

Kapitel 3

Elektrizitätslehre

3.1 Grundlagen

Unsere moderne Welt wäre ohne elektrischen Strom nicht mehr vorstellbar. Die vielseitige Verwendung des elektrischen Stroms in Haushalt und Industrie beruht dabei auf drei grundsätzlichen Wirkungen, die er hervorruft:

- **Wärmewirkung:** Ein stromdurchflossener elektrischer Leiter wird erwärmt. Diese Wirkung nutzt man z. B. beim Elektroherd, Haartrockner oder beim Heizlüfter.
- **Magnetische Wirkung:** Ein Strom verursacht immer ein Magnetfeld. Man nutzt diese Eigenschaft bei Elektromagneten und vor allem auch bei Elektromotoren und Generatoren aus.
- **Chemische Wirkung:** Elektrischer Strom wirkt sich auch auf chemische Prozesse aus, z. B. beim Auf- und Entladen von Akkus.

Strom kann nur dann fließen, wenn man einen **geschlossenen Stromkreis** aufbaut. Er besteht im einfachsten Fall aus einer **elektrischen Quelle** (z. B. einer Batterie oder einem Netzgerät), einem **elektrischen Gerät** (z. B. einer Glühbirne), bei Bedarf einem **Schalter** und den entsprechenden **Zuleitungen**, die aus leitendem Material bestehen müssen.

Gute elektrische **Leiter** sind vor allem Metalle und Graphit (wie man es etwa in Bleistiftminen findet), aber auch verschiedene Flüssigkeiten (vor allem Säuren, Basen und Salzlösungen). Nichtleiter (z. B. Glas, Porzellan, Kunststoffe, aber auch Luft) bezeichnet man auch als **Isolatoren.**

3.2 Elektrische Ladung

Die Wirkungen elektrischer Ladungen bekommen wir häufig zu spüren. Ein unangenehmes Gefühl ist es, wenn sich der menschliche Körper – meist bei trockener Raumluft – an einem metallischen Gegenstand (z. B. der Autotür oder einer Türklinke) über einen kleinen Funken „entlädt". Auch die nach dem Kämmen mit einem Kunststoffkamm oder dem Ausziehen eines „knisternden" Winterpullovers zuweilen in alle Richtungen abstehenden Haare sind lästig, ebenso wie der ständig Staub anziehende Computerbildschirm oder die wie zusammengeklebt erscheinenden Kunststofftüten.

Du kannst diese Alltagserscheinungen noch genauer untersuchen: Reibe zwei Luftballons kräftig mit einem Wolltuch oder einem Pullover. Wenn du nun in jeder Hand einen Ballon hältst und sie einander näherst, siehst du deutlich, wie sie einander abstoßen. Nimmst du aber das Wolltuch oder deinen Pullover, so wird der Ballon angezogen und bleibt an ihm hängen.

Das Experiment zeigt: Es gibt offensichtlich zwei verschiedene Arten von Ladung. Die beiden Luftballons werden auf die gleiche Art und Weise aufgeladen, müssen also auch die gleiche Ladungsart tragen. Gleiche Ladungen stoßen sich also offensichtlich ab. Dagegen ist das Tuch oder der Pullover auf eine andere Art geladen. Ungleiche Ladungen ziehen sich also an. Um die beiden Ladungsarten voneinander zu unterscheiden, bezeichnet man sie als positive und negative Ladungen. Wir halten fest:

Es gibt positive und negative elektrische Ladungen. Gleiche Ladungen stoßen sich ab, ungleiche Ladungen ziehen sich an.

Wie kommt es nun aber zu diesen Aufladungserscheinungen und wo stammen die Ladungen her? Allen Effekten ist zunächst gemeinsam, dass es zu einer Reibung zwischen zwei Körpern kommt. Unser Körper lädt sich etwa beim Gehen auf Teppichböden durch die Reibung

zwischen Schuhen und Boden auf. Die Haare werden beim Reiben mit dem Kamm aufgeladen und die beiden Seiten einer Kunststofftüte reiben ebenso aneinander wie die Luftballons am Wolltuch.
Um zu verstehen, was bei diesen Reibungsvorgängen abläuft, muss man wissen, dass alle Körper, unabhängig von ihrer elektrischen Leitfähigkeit und unabhängig davon, ob Strom fließt oder nicht, elektrisch geladene Teilchen enthalten. Alle Körper bestehen aus kleinsten Bausteinen, den Atomen, und in diesen Atomen finden sich geladene Teilchen. Ein stark vereinfachtes Modell eines solchen Atoms könnte wie folgt aussehen: Im Zentrum befindet sich ein **positiv** geladener **Atomkern,** um den herum sich **negativ** geladene Teilchen, die **Elektronen,** bewegen. Sie bilden die so genannte **Atomhülle.** In einem Atom sind in der Regel ebenso viele positive wie negative Ladungen vorhanden, sodass es nach außen hin elektrisch neutral erscheint. Ein fester Körper ist eine stabile, recht regelmäßige Anordnung von sehr vielen Atomen, die du dir als eine Art Gitter vorstellen kannst. Die Atomkerne sind dabei ortsfest an den Gitterpunkten verankert, während sich die Elektronen unter Umständen aus dem Atomverband herauslösen können und dann in dem Körper frei beweglich sind.

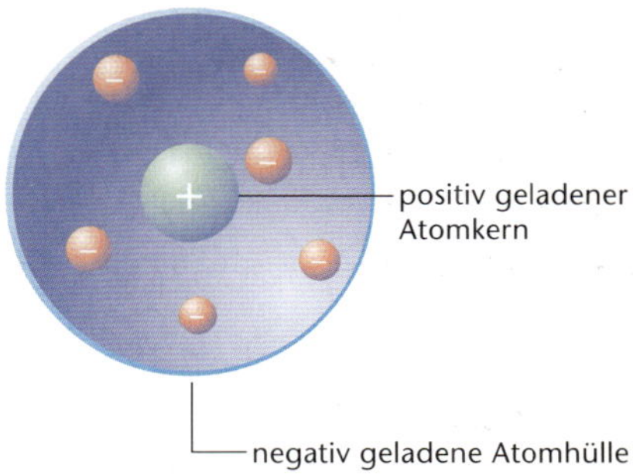

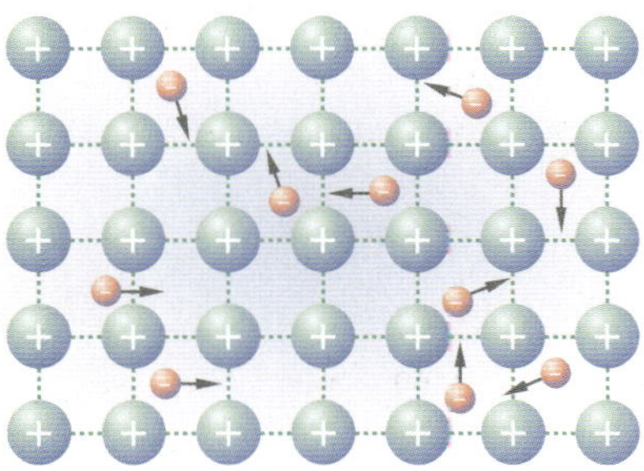

Beim Reiben des Ballons mit einem Wolltuch können nun Elektronen vom Tuch auf den Ballon überspringen. Damit besitzt der Ballon mehr negative als positive Ladungen und erscheint nach außen daher insgesamt negativ geladen. Beim Tuch ist es umgekehrt: Durch die Abgabe von Elektronen besteht nun ein Überschuss an positiven Ladungsträgern, das Tuch erscheint also insgesamt positiv geladen. Wichtig an diesem Vorgang ist, dass nur die negativen

Ladungen (also die Elektronen) verschoben werden können, während die positiven Ladungen (also die Atomkerne) in der Gitterstruktur ortsfest sind.
Bei einem Isolator können Elektronen nur durch einen äußeren Zwang wie Reibung herausgelöst werden, bei einem Metall sind dagegen stets herausgelöste und frei bewegliche Elektronen vorhanden. Solche freien Ladungsträger sind die Voraussetzung für einen kontinuierlichen Stromfluss in einem Stromkreis.

Ein negativ geladener Körper besitzt Elektronenüberschuss,
ein positiv geladener Körper besitzt Elektronenmangel.

3.3 Elektrische Stromstärke

Die Größe Stromstärke machst du dir am einfachsten wieder modellhaft klar. Dazu kannst du dir etwa einen Verkehrsstrom von Autos auf einer viel befahrenen Straße vorstellen. Wolltest du die Stärke dieses Verkehrsstroms messen, so würdest du höchstwahrscheinlich eine Verkehrszählung durchführen, dich also an den Straßenrand setzen und die Anzahl der in einer bestimmten Zeit vorüberfahrenden Autos zählen. Im Prinzip geht man ganz genauso bei der Messung der elektrischen Stromstärke vor. Nun fließen aber in einem Stromkreis keine Autos, sondern die in Kapitel 3.2 vorgestellten elektrischen Ladungen, genauer gesagt, negative Ladungen in Form von Elektronen.
Wir müssten jetzt also die Anzahl der Ladungen zählen, und zwar wiederum für eine bestimmte Zeiteinheit. Man definiert daher:

$$\text{Stromstärke} = \frac{\text{Ladungsmenge}}{\text{Zeit}}, \text{ als Formel: } I = \frac{Q}{t}.$$

Natürlich gehört zu der neuen Größe auch eine Einheit. Sie gehört zu den sieben Grundeinheiten und wurde benannt nach dem französischen Physiker André Marie Ampère (1775–1836).

Die Einheit der Stromstärke ist 1 Ampere (1 A).

Benötigt wird nun noch ein Messgerät, mit dem man die Stromstärke messen kann. Im Prinzip müsste ein solches Gerät zählen, wie viele Elektronen pro Zeiteinheit durch den Leiterquerschnitt fließen. Da eine solche Zählung praktisch unmöglich ist, misst man die elektrische Stromstärke über die Wirkungen des elektrischen Stromes. Sowohl die Wärmewirkung als auch die magnetische und die chemische Wirkung sind nämlich in ihrer Stärke von der Größe der Stromstärke abhängig. In der Praxis hat sich vor allem die magnetische Wirkung als besonders einfach handhabbar erwiesen, da sie durch geschickte Anordnungen direkt in den Zeigerausschlag eines Messgeräts umgesetzt werden kann. Ein solches Gerät zur Messung der Stromstärke wird Strommesser (oder auch Amperemeter) genannt. Wichtig ist, dass die Messung der Stromstärke an jeder beliebigen Stelle des Stromkreises vorgenommen werden kann. Strommesser werden dazu direkt in den Stromkreis eingebaut (vergleiche dazu auch Kap. 3.6).

Zur Messung der Stromstärke dienen Strommesser, auch Amperemeter genannt. Sie können bei Stromkreisen ohne Verzweigung an einer beliebigen Stelle direkt in den Stromkreis eingebaut werden.

Mithilfe der Stromstärkedefinition kannst du durch Umformen nun auch noch eine Gleichung für die Ladung ermitteln (erinnere dich an das Formeldreieck aus Kapitel 1.4):

Ladung = Stromstärke · Zeit.

Aus dieser Gleichung leitet man die Einheit für die Ladung ab, indem man die Einheiten der Stromstärke und der Zeit miteinander multipliziert. Man erhält:

Die Einheit der Ladung ist 1 Amperesekunde (1 As).
1 Amperesekunde nennt man auch 1 Coulomb (1 C).

Ein Elektron besitzt eine Ladung von $1{,}6 \cdot 10^{-19}\,C$. Wie viele Elektronen fließen pro Minute durch den Querschnitt eines Leiters, wenn die Stromstärke 2 A beträgt?

Lösung: $Q = I \cdot t = 2\,A \cdot 60\,s = 120\,As = 120\,C$.

$$\frac{120\,C}{1{,}6 \cdot 10^{-19}\,C} = 7{,}5 \cdot 10^{20} \text{ Elektronen.}$$

Das sind fast 1 Trilliarde Elektronen!

3.4 Elektrische Spannung

Wenn du eine Taschenlampe oder einen MP3-Player benutzen willst, so musst du zuvor Batterien einlegen. Die unterschiedlichen Batterietypen unterscheiden sich dabei nicht nur in ihrer Größe, sondern es ist auch eine wichtige elektrische Kenngröße aufgedruckt: Man findet Aufschriften wie 1,5 V oder 4,5 V oder 9 V. Das „V" steht dabei für **„Volt"**, benannt nach dem italienischen Physiker Alessandro Volta (1745–1827). Dies ist die Einheit für die **elektrische Spannung.** Man kann sich vorstellen, dass die Batterien notwendig sind, um die Ladungen im elektrischen Stromkreis in Bewegung zu versetzen. Die Angabe der Spannung gibt dabei an, wie stark der Antrieb des elektrischen Stroms ist. Sie ist also quasi ein Maß für die Stärke der Quelle.

Die elektrische Spannung gibt an, wie stark elektrische Ladungen in einem Stromkreis angetrieben werden.
Die Einheit der elektrischen Spannung ist 1 Volt (1 V).

Zur Veranschaulichung dieser schwer vorstellbaren Größe dient das in der Abbildung dargestellte Modell eines Wasserkreislaufs: Die Pumpe pumpt Wasser von dem einen Behälter in den anderen, sodass sich unterschiedliche Füllhöhen ergeben. Weil das Wasser danach strebt, den Höhenunterschied auszugleichen, fließt es bei geöffnetem Hahn vom höher gefüllten Behälter über die äußeren Leitungen und die Turbine zum unteren Behälter. Dabei wird die Turbine angetrieben, und zwar umso stärker, je größer der Höhenunterschied zwischen den beiden Behältern ist.

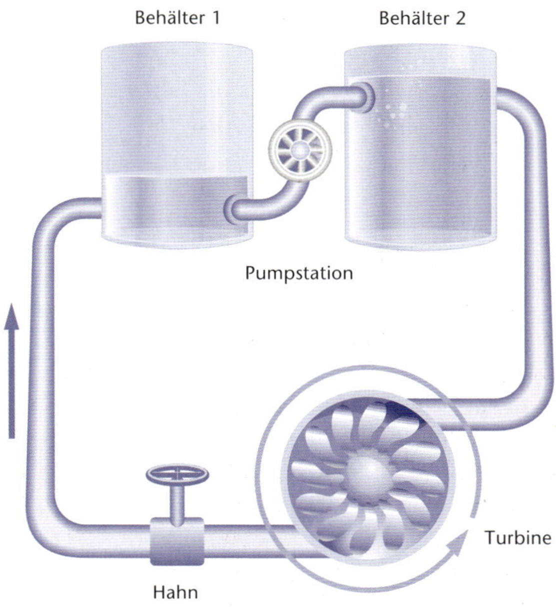

Da nun der Höhenunterschied zwischen den beiden Wasserständen angibt, wie stark die Turbine angetrieben wird, entspricht er der elektrischen Spannung. Damit haben wir die Spannung so gut es geht veranschaulicht.
Die Pumpstation entspricht der elektrischen Quelle, die beiden Wasserbehälter ihren beiden Polen. Weiter steht die Turbine für ein elektrisches Gerät (z. B. Glühbirne) und der Hahn für einen Schalter.
Das prinzipielle Vermögen, die Turbine in Bewegung zu versetzen, bleibt übrigens auch dann erhalten, wenn man den Hahn zudreht. Auch eine Batterie kann man ja aus dem Stromkreis ausbauen oder durch einen Schalter vom Verbraucher trennen, ohne dass sie die Fähigkeit zum Antreiben von Ladungen verliert.

Weiter entsprechen bei einer elektrischen Quelle die unterschiedlichen Wasserstände einem Überschuss (Minuspol) bzw. einem Mangel (Pluspol) an negativen Ladungsträgern (den Elektronen). Auch hier sind die Elektronen bestrebt, einen Ausgleich zwischen diesen beiden Zuständen zu schaffen. Daher werden beim Schließen des Stromkreises mit dem Schalter sofort Ladungen in Bewegung gesetzt. Die elektrische Quelle übernimmt ferner die Aufgabe, die unterschiedlichen Elektronenstände zu halten, sie sorgt für eine permanente Trennung der positiven und negativen Ladungen. Weiteres zur Spannung erfährst du in Kapitel 4.4.

Die Spannung einer elektrischen Quelle zu messen, bedeutet im Bild des Wasserkreislaufmodells, den Höhenunterschied zwischen den Behältern, also an zwei Stellen links und rechts der Behälter, festzustellen. Daher wird ein Spannungsmessgerät, auch Voltmeter genannt, an zwei Stellen am Stromkreis angeschlossen, d. h. parallel zur elektrischen Quelle.

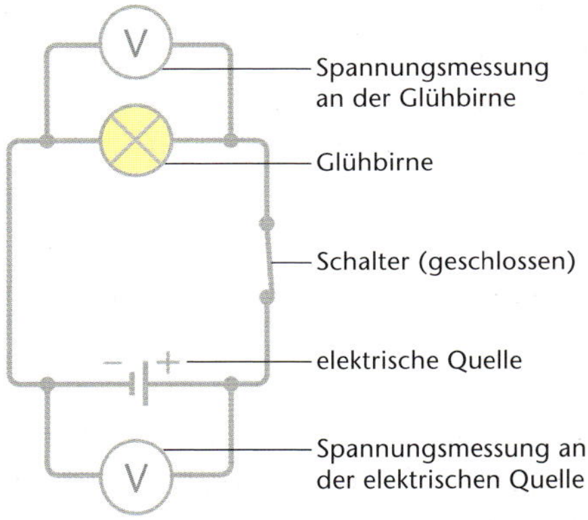

Da in einem Stromkreis wie in der Abbildung der Antrieb der Ladungsträger fast vollständig zum „Antreiben“ der Glühbirne dient, gibt es links und rechts von der Glühbirne noch den „Höhenunterschied“, und man kann – wie bei der elektrischen Quelle – auch an der Glühbirne eine Spannung nachweisen. Gibt es mehrere Glühbirnen im Stromkreis, hängt die jeweilige Teilspannung davon ab, wie stark welche Glühbirne angetrieben wird (mehr dazu in Kapitel 3.6).

Zur Messung der Spannung dienen Spannungsmesser, auch Voltmeter genannt. Sie müssen immer parallel zum Gerät geschaltet werden, an dem man die Spannung messen will.

3.5 Elektrischer Widerstand und ohmsches Gesetz

Im vorangegangenen Kapitel hast du gelernt, dass eine elektrische Quelle bestrebt ist, elektrische Ladungen durch einen Stromkreis zu treiben. Die Bewegung der Ladungen durch den Stromkreis wird aber – haupsächlich in den elektrischen Geräten (z. B. Glühbirne) – ständig behindert. Du kannst dir etwa vorstellen, dass die Elektronen mit den Atomen im Atomgitter (vergleiche Kap. 3.2) zusammenstoßen und so abgebremst werden. Durch die Stöße tritt eine Erwärmung der elektrischen Geräte ein (vgl. Kapitel 4). Die abgebremsten Elektronen werden aber immer weiter angetrieben, sodass sie mit der Zeit trotz der Stöße vorankommen. Ferner stellen sehr dünne Drähte auch für die fließenden Elektronen einen „Engpass“ dar, während dicke Drähte viel leichter passiert werden können. Die Stärke dieser Behinderung des Stromflusses wird **elektrischer Widerstand** genannt.

Der elektrische Widerstand ist ein Maß für die Behinderung des Stromflusses in einem Stromkreis.

Wir stellen zunächst einmal Vermutungen an, wie der elektrische Widerstand mit der Stromstärke und der Spannung zusammenhängt. Zum Ableiten der Zusammenhänge diene ein einfacher Stromkreis aus elektrischer Quelle, einem Widerstand und den Messgeräten für die Stromstärke im Stromkreis und die Spannung am Widerstand.

1. Vergrößert man den Widerstand bei gleich bleibender Spannung, nimmt die Stromstärke ab. Hängt man etwa zwei gleiche Widerstände aneinander, verdoppelt sich der Widerstand und man erwartet, dass die Stromstärke auf die Hälfte fällt.

2. Vergrößert man den Widerstand, muss man die Elektronen stärker antreiben, um die gleiche Stromstärke wie zuvor zu erreichen; bei doppeltem Widerstand erwartet man hierzu auch die doppelte Spannung.

3. Lässt man den Widerstand konstant, ist die Stromstärke umso größer, je stärker der Antrieb, also je größer die Spannung ist.

Der deutsche Physiker Georg Simon Ohm (1789–1854) hat den unter der dritten Vermutung aufgeführten Zusammenhang zwischen Stromstärke und Spannung genau untersucht. Nach ihm wurde folgendes Gesetz benannt:

Ohmsches Gesetz:
Bei konstanter Temperatur und festem Widerstand sind Spannung und Stromstärke zueinander proportional.

Der Quotient U/I zwischen Spannung U und Stromstärke I ist also für einen festen Widerstand konstant, wenn die Temperatur sich nicht ändert. Er bildet eine Größe, die alle drei anfangs genannten Erwartungen erfüllt. Daher legt man mit diesem Quotienten den elektrischen Widerstand fest. Als Größensymbol erhält der Widerstand den Buchstaben R.

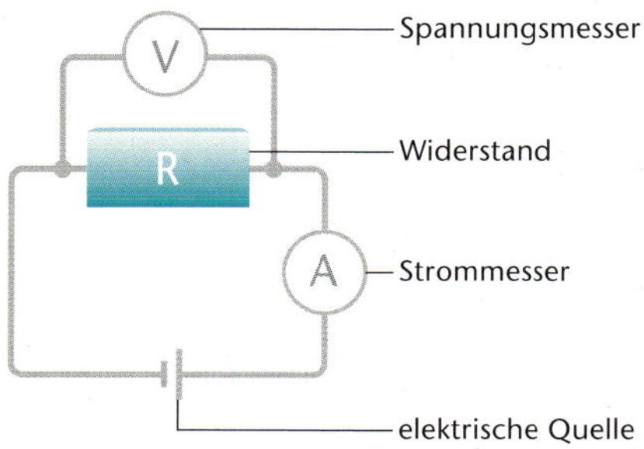

Der elektrische Widerstand kann berechnet werden durch die Gleichung:

$$\textit{Widerstand} = \frac{\textit{Spannung}}{\textit{Stromstärke}} \quad \text{oder als Formel: } R = \frac{U}{I}.$$

Die Einheit des elektrischen Widerstandes setzte man zu Ehren Ohms als 1 Ohm (Einheitensymbol Ω) fest. Das Ohm setzt sich wie immer aus den Einheiten der definierenden Größen zusammen. Man erhält:

$$1\,\text{Ohm} = 1\,\Omega = \frac{1\,\text{V}}{1\,\text{A}}.$$

In einem Bügeleisen, das mit Netzspannung (230V) betrieben wird, fließt ein Strom von 5A. Wie groß ist sein Widerstand?

Lösung: $R = \frac{U}{I} = \frac{230\,\text{V}}{5\,\text{A}} = 46\,\Omega.$

Natürlich hat jedes elektrische Gerät einen eigenen elektrischen Widerstand. Da dieser Widerstand den meistens interessierenden Zusammenhang zwischen Spannung und Stromstärke im Stromkreis vollständig beschreibt, wird ein elektrisches Gerät in einer Schaltskizze oft einfach nur durch seinen elektrischen Widerstand symbolisiert. Im Vergleich zu den Widerständen der Geräte haben die Zuleitungen nur einen sehr geringen Widerstand.

Spezifischer Widerstand

Im vorangegangenen Abschnitt hast du gesehen, wie man den elektrischen Widerstand mithilfe der Spannung und der Stromstärke bestimmen kann. Man kann ihn aber auch schon aus der Bauweise einer Leitung ableiten. Wir betrachten dazu den elektrischen Widerstand eines Drahts:

- Je länger der Draht ist, desto größer ist sein Widerstand: Dies ist anschaulich einsichtig. Auf einer Straße stellt beispielsweise eine lange Baustelle ja auch eine deutlich größere Behinderung für den Verkehr dar als eine kurze. Es gilt also: $R \sim \ell$ (ℓ ist die Länge des Drahts).
- Je kleiner die Querschnittsfläche A des Drahts ist, desto größer ist der Widerstand: Dünne Drähte stellen auch für die fließenden Elektronen einen „Engpass“ dar, während dicke Drähte viel leichter passiert werden können. Es gilt also: $R \sim 1/A$.
- Auch das Material des Leiters spielt eine Rolle: Dies liegt daran, dass die Anordnung der Atome in einem Gitter (vergleiche Kapitel 3.2) für verschiedene Materialien verschieden sein kann. Daher gibt es auch unterschiedlich viele Stöße der Elektronen mit den Atomen im Gitter, wodurch die Elektronen unterschiedlich stark abgebremst werden.

Die Abhängigkeit des elektrischen Widerstands vom Material gibt man mithilfe einer Materialkonstante an. Sie heißt **spezifischer Widerstand** und hat als Symbol den griechischen Buchstaben ρ (darf also nicht mit der Dichte verwechselt werden, die denselben Buchstaben als Größensymbol hat).

Der spezifische Widerstand eines Stoffs gibt an, welchen Widerstand ein elektrischer Leiter aus diesem Stoff besitzt, der 1 m lang ist und eine Querschnittsfläche von 1 mm^2 hat.

Er hat die Einheit $1\frac{\Omega \cdot mm^2}{m}$.

Der elektrische Widerstand ist also abhängig vom **spezifischen Widerstand** des verwendeten Materials (ρ), von der **Länge** (ℓ) des Leiters und von dessen **Querschnittsfläche** (A). Alle drei Abhängigkeiten fasst man in folgender Formel zusammen:

Für den elektrischen Widerstand eines Leiters gilt: $R = \rho \cdot \frac{\ell}{A}$.

Ein Überlandkabel für Starkstrom besteht aus dickem Kupferdraht mit einer Querschnittsfläche von 1000 mm^2. Wie groß ist der elektrische Widerstand einer 3 km langen Leitung?
(Der spezifische Widerstand für Kupfer beträgt $0{,}017\frac{\Omega \cdot mm^2}{m}$.)

Lösung: $R = \rho \cdot \frac{\ell}{A} = 0{,}017\,\frac{\Omega \cdot mm^2}{m} \cdot \frac{3000\,m}{1000\,mm^2} = 0{,}051\,\Omega.$

Häufig benötigt man in elektrischen Schaltungen auch ganz bestimmte fest definierte Widerstände. Dann baut man so genannte Festwiderstände ein. Sie bestehen meist aus dünnen leitenden Schichten, die man auf ein Keramikröhrchen aufbringt. Äußerlich erkennt man sie an einer Lackschicht, auf der farbige Ringe aufgedruckt sind. Anhand dieser Ringe kann man den Widerstandswert ablesen. Das Schaltsymbol für einen solchen Festwiderstand in einer Schaltskizze sieht folgendermaßen aus:

3.6 Stromkreise mit mehreren Widerständen

Bislang hatten wir als Schaltung immer nur einen einfachen Stromkreis betrachtet. Falls du schon einmal ein beliebiges elektrisches Gerät von innen gesehen hast, ist dir natürlich sofort klar, dass man es hier nicht nur mit einfachen Stromkreisen zu tun hat, sondern dass sehr viele Verzweigungen an den Drähten bzw. Leiterspuren auf der Platine auftreten. Grundsätzlich gibt es aber nur zwei Möglichkeiten, Stromkreise zu erweitern. Sie wurden schon kurz bei der Schaltung von Strom- und Spannungsmessern angesprochen. Wir wollen hier die Beziehungen zwischen den Widerständen, der Stromstärke und der Spannung für diese beiden Schaltungsmöglichkeiten untersuchen. Zur Veranschaulichung dient dabei als Modell nochmals der Wasserstromkreis (vgl. Kapitel 3.4).

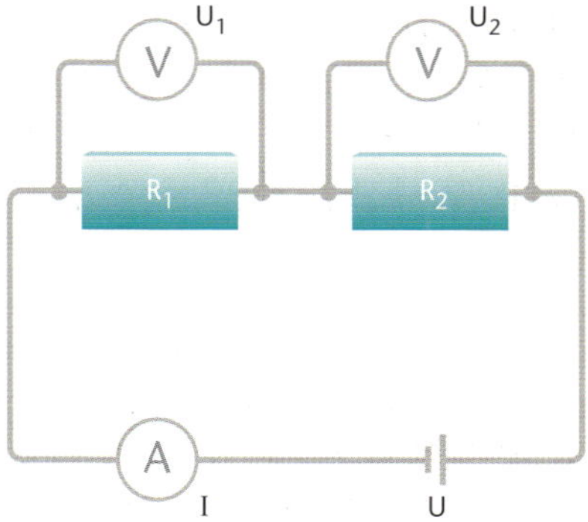

Bei der **Reihenschaltung** sind die Widerstände (sie stehen stellvertretend für jedes beliebige andere elektrische Gerät) hintereinander in einer Reihe angeordnet. In dieser Form sind beispielsweise die Lichterketten einer Weihnachtsbaumbeleuchtung geschaltet (jedenfalls die von einfacher Bauart). Brennt eines der Lämpchen durch, so gehen auch die anderen Lämpchen aus.

Zur Stromstärke: Wie bei einem idealen Wasserkreislauf stauen sich im elektrischen Leiter keine Ladungsträger, es gehen auch keine verloren oder werden verbraucht. Daher ist die Stromstärke in einer Reihenschaltung überall gleich groß. Alle (baugleichen) Glühbirnen einer Lichterkette brennen ja auch gleich hell.

Zur Spannung: Im Wasserkreislauf bekommt jede der in Reihe geschalteten Turbinen einen Teil des Antriebs ab, quasi einen Teil der von der Pumpe zur Verfügung gestellten Höhendifferenz. Entsprechend fällt an jedem Widerstand ein Teil der Spannung ab: Es gilt also: $U_{ges} = U_1 + U_2$.

Zum Widerstand: Die beiden in Reihe liegenden Widerstände wirken nicht anders als ein einziger größerer Widerstand; die Einzelwiderstände addieren sich also zu einem Gesamtwiderstand: $R_{ges} = R_1 + R_2$.

In einer Reihenschaltung ist

1. *die Stromstärke überall gleich groß,*
2. *die Summe der Teilspannungen gleich der Gesamtspannung, d.h.* $U_{ges} = U_1 + U_2 + U_3 + \ldots$,
3. *der Gesamtwiderstand so groß wie die Summe der Einzelwiderstände, d.h.* $R_{ges} = R_1 + R_2 + R_3 + \ldots$

Für alle Rechnungen ist folgende Aussage nützlich:

Tipp!

Das ohmsche Gesetz gilt nicht nur für die Gesamtgrößen, sondern auch für jeden Einzelwiderstand oder Teil eines Stromkreises. Man muss lediglich die in dem betrachteten Teil vorliegende Stromstärke, Spannung und den dortigen Widerstand verwenden (z. B. gilt am Widerstand R_1*, durch den der Strom* I_1 *fließt und an dem die Spannung* U_1 *abfällt:* $R_1 = U_1/I_1$*).*

Zwei Widerstände ($R_1 = 100\,\Omega$, $R_2 = 300\,\Omega$) sind in Reihe geschaltet. Es liegt eine Spannung von $U = 160\,V$ an. Wie groß ist die Stromstärke und welche Spannungen fallen an den einzelnen Widerständen ab?

Für den Gesamtwiderstand gilt: $R_{ges} = R_1 + R_2 = 100\,\Omega + 300\,\Omega = 400\,\Omega$.

Man erhält für die Stromstärke: $I_{ges} = \frac{U_{ges}}{R_{ges}} = \frac{160\,V}{400\,\Omega} = 0{,}4\,A$.

Die Einzelspannungen an den Widerständen errechnen sich so:

$U_1 = R_1 \cdot I_1 = 100\,\Omega \cdot 0{,}4\,A = 40\,V$ und $U_2 = R_2 \cdot I_2 = 300\,\Omega \cdot 0{,}4\,A = 120\,V$.

Die Gesamtspannung teilt sich also im selben Verhältnis wie die Widerstandswerte auf (hier 1:3).

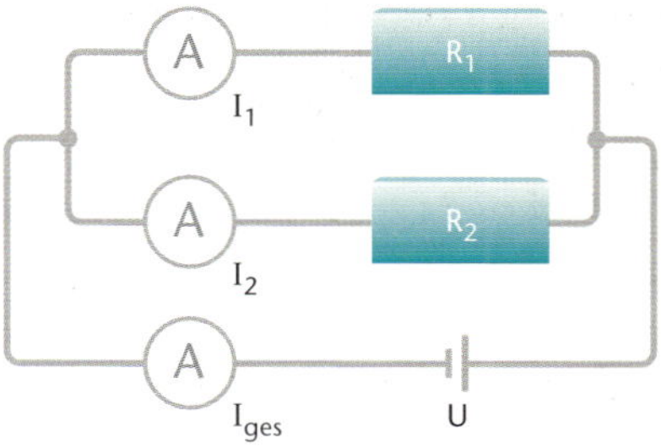

Bei der **Parallelschaltung** wird der zweite Widerstand mit zwei zusätzlichen Kabeln (und einem weiteren Amperemeter) parallel zum ersten Widerstand angeordnet.
Auf diese Weise sind etwa sämtliche elektrischen Geräte in einer Wohnung geschaltet. Wenn hier ein Gerätedefekt auftritt, werden die anderen weiter mit Strom versorgt, da der Stromkreis ja nur in dem Teil mit dem defekten Gerät unterbrochen ist.

Zur Stromstärke: An den Verzweigungen fließt bei der Parallelschaltung ebenso wie beim Wasserkreislauf ein Teil der Ladungsträger in den einen Zweig, der andere Teil in den anderen. Am Ende der Verzweigung fließen sie wieder zusammen und ergeben die ursprüngliche Stromstärke. Es gilt also: $I_{ges} = I_1 + I_2$.

Zur Spannung: Im Wasserkreis treibt jedes Wasserteilchen nur eine Turbine an; dabei durchfallen sowohl die Teilchen, die durch den einen Zweig gelangen, als auch die anderen Teilchen im anderen Zweig die gesamte von der Pumpe zur Verfügung gestellte Höhendifferenz. Beide Turbinen werden also so stark angetrieben, als ob es die parallel betriebene gar nicht gäbe. Entsprechend steht im Stromkreis die gesamte Spannung jedem Zweig zur Verfügung. Es gilt also: $U_{ges} = U_1 = U_2$.

Zum Widerstand: Da beide Turbinen voll angetrieben werden, ist der Gesamtstrom größer, als wenn nur eine Turbine angetrieben werden würde. Ein vergrößerter Gesamtstrom bei gleich gebliebener Spannung bedeutet aber einen verkleinerten Widerstand (wegen $R = U/I$). Anschaulich kannst du dir vorstellen, dass man bei der Parallelschaltung durch die beiden Zweige dem Strom eine größere Querschnittsfläche anbietet. Bei größerer Querschnittsfläche nimmt der Widerstand aber ab. Bei genauer (mathematischer) Untersuchung erhält man:

$$\frac{1}{R_{ges}} = \frac{1}{R_1} + \frac{1}{R_2}.$$

Wir halten daher fest:

In einer Parallelschaltung ist

1. *die Spannung in allen Zweigen gleich groß und identisch mit der Gesamtspannung U_{ges},*
2. *die Summe der Teilstromstärken gleich der Gesamtstromstärke $I_{ges} = I_1 + I_2 + I_3 + \ldots$,*
3. *der Gesamtwiderstand kleiner als jeder Einzelwiderstand und es gilt:*

$$\frac{1}{R_{ges}} = \frac{1}{R_1} + \frac{1}{R_2} + \frac{1}{R_3} + \ldots$$

Zwei Widerstände ($R_1 = 100\,\Omega$, $R_2 = 400\,\Omega$) sind parallel geschaltet und die Stromstärke im unverzweigten Teil des Stromkreises beträgt $I = 2\,A$. Wie groß sind der Gesamtwiderstand, die angelegte Gesamtspannung und die Stromstärken in den Zweigen?

Ebenso wie im ersten Beispiel kann zunächst der Gesamtwiderstand berechnet werden. Beachte dabei, dass zunächst Kehrwerte der Widerstände addiert werden müssen. Die Brüche müssen dabei vor dem Addieren gleichnamig gemacht werden! Es gilt:

$$\frac{1}{R_{ges}} = \frac{1}{R_1} + \frac{1}{R_2} = \frac{1}{100\,\Omega} + \frac{1}{400\,\Omega} = \frac{4}{400\,\Omega} + \frac{1}{400\,\Omega} = \frac{5}{400\,\Omega}.$$

Anschließende Kehrwertbildung ergibt:

$$R_{ges} = 400\,\Omega/5 = 80\,\Omega.$$

Mithilfe des ohmschen Gesetzes und der Gesamtstromstärke I_{ges} kann die Gesamtspannung berechnet werden:

$$U_{ges} = R_{ges} \cdot I_{ges} = 80\,\Omega \cdot 2\,A = 160\,V.$$

Aufgrund der Parallelschaltung liegt diese Spannung auch an den beiden Widerständen an (in Parallelschaltungen ist die Spannung ja überall gleich groß!). Es gilt also:

$$U_1 = U_{ges} = 160\,V \quad \text{und} \quad U_2 = U_{ges} = 160\,V.$$

Damit lassen sich abschließend auch die beiden Einzelstromstärken I_1 und I_2 berechnen. Dabei kommt wieder das ohmsche Gesetz zum Einsatz. Man erhält:

$$I_1 = \frac{U_1}{R_1} = \frac{160\,V}{100\,\Omega} = 1{,}6\,A \quad \text{und} \quad I_2 = \frac{U_2}{R_2} = \frac{160\,V}{400\,\Omega} = 0{,}4\,A.$$

Die Gesamtstromstärke teilt sich also im selben Verhältnis wie die Widerstandswerte auf (hier 1:4).

Der deutsche Physiker Gustav Robert Kirchhoff (1824–1887) hat diese Gesetze der Reihen- und Parallelschaltung ebenso wie die oben aufgeführten Zusammenhänge bei Stromstärke und Spannung erstmals entdeckt, weshalb sie auch **kirchhoffsche Gesetze** genannt werden.

Nun verstehst du auch besser, warum man **Spannungsmessgeräte** immer **parallel** zu dem elektrischen Gerät schalten muss, an dem die Spannung gemessen werden soll, denn nur in Parallelschaltungen ist die Spannung überall gleich groß. Dagegen müssen **Strommessgeräte** immer **in Reihe** geschaltet werden, denn nur in Reihenschaltungen ist die Stromstärke überall gleich groß.

Die kirchhoffschen Gesetze erlauben es zusammen mit dem ohmschen Gesetz, bei wenigen vorgegebenen Größen sämtliche Spannungen und Stromstärken in einer Schaltung zu berechnen. Dies lässt sich am einfachsten an zwei konkreten Beispielen vorführen.

Tipp!

Fasse bei komplizierteren Schaltungen einzelne Reihen- und Parallelschaltungen zusammen und ersetze sie jeweils durch einen gleich großen einzelnen Widerstand, einen so genannten Ersatzwiderstand. Dadurch lässt sich die Schaltung schrittweise vereinfachen. Für den Ersatzwiderstand gelten die gleichen Regeln wie für einen normalen Widerstand. Ermittle die Größe eines Ersatzwiderstands möglichst zuerst.

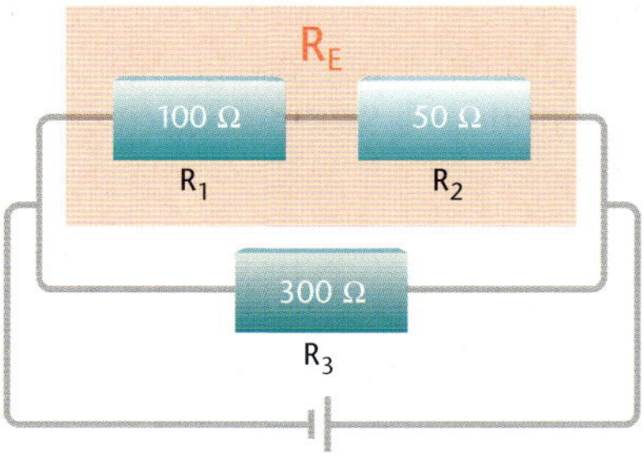

Die Widerstände R_1 und R_2 sind in Reihe geschaltet, während R_3 zu beiden parallel geschaltet ist. Man kann diese Schaltung zu einer reinen Parallelschaltung vereinfachen, wenn man R_1 und R_2 zu einem Ersatzwiderstand R_E zusammenfasst. Wegen der Reihenschaltung von R_1 und R_2 gilt dabei für R_E: $R_E = R_1 + R_2 = 100\,\Omega + 50\,\Omega = 150\,\Omega$. Alle weiteren Berechnungen erfolgen dann wie in einer reinen Parallelschaltung mit den Widerständen R_3 und R_E.

Nun sind R_1 ($200\,\Omega$) und R_2 ($50\,\Omega$) parallel geschaltet, während R_3 ($160\,\Omega$) zu beiden in Reihe geschaltet ist. Man kann diese Schaltung zu einer reinen Reihenschaltung vereinfachen, wenn man R_1 und R_2 zu einem Ersatzwiderstand R_E zusammenfasst. Wegen der Parallelschaltung von R_1 und R_2 gilt dabei für R_E:

$$\frac{1}{R_E} = \frac{1}{R_1} + \frac{1}{R_2} = \frac{1}{200\,\Omega} + \frac{1}{50\,\Omega} = \frac{1}{200\,\Omega} + \frac{4}{200\,\Omega} = \frac{5}{200\,\Omega}$$

$$= \frac{1}{40\,\Omega} \Rightarrow R_E = 40\,\Omega.$$

Alle weiteren Berechnungen erfolgen dann wie in einer reinen Reihenschaltung mit den Widerständen R_3 und R_E.

3.7 Elektrische Ströme und Magnetfelder

Magnete üben Kräfte auf die Materialien Eisen, Nickel, Kobalt und einige Legierungen aus. Man bezeichnet diese Metalle auch als ferromagnetische Stoffe. Den Bereich um den Magneten herum, in dem diese Kräfte wirken, nennt man Magnetfeld.

Als Magnetfeld bezeichnet man den Zustand des Raums um einen Magneten, in dem Kräfte auf ferromagnetische Stoffe und kleine Testmagnete ausgeübt werden.

Eine anschauliche Vorstellung vom Aussehen eines solchen Magnetfeldes gewinnt man, wenn man den Bereich um einen Magneten mit Eisenfeilspänen bestreut. Diese werden magnetisiert (werden also selbst zu kleinen Magneten, solange sie in der Nähe des großen Magneten bleiben). Diese „Testmagnete“ ordnen sich in Ketten an und bilden Linien, die die Richtung der Kraftwirkung auf die Testmagnete anzeigen (wie Kompassnadeln im Erdmagnetfeld). Zudem kann man unterschiedliche Stärken des Magnetfelds an der Dichte der angelagerten Eisenfeilspäne erkennen. Dieses anschauliche Bild vom Feld eines Magneten wird auch als Feldlinienbild bezeichnet. In der Abbildung kannst du erkennen, dass die Feldlinien eines Stabmagneten in Bögen verlaufen.

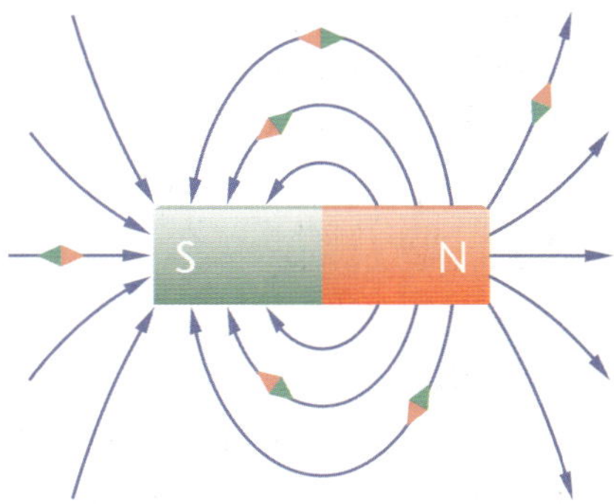

Ein Magnetfeld kann modellhaft durch Feldlinien veranschaulicht werden. Die Richtung einer Feldlinie an einem bestimmten Ort gibt an, wie sich ein kleiner Testmagnet an diesem Ort ausrichtet. Eine Feldlinie verläuft vereinbarungsgemäß vom Nordpol zum Südpol. Die Feldliniendichte gibt ferner die Stärke des Feldes an.

Bei rot und grün gefärbten Magneten ist der Südpol grün, der Nordpol rot.

Tipp!

Bereits in Kapitel 3.1. wurde die magnetische Wirkung des elektrischen Stroms erwähnt, die dir z. B. von Elektromagneten bekannt ist. Daher wird es dich kaum verwundern, dass jeder stromdurchflossene Leiter ein Magnetfeld besitzt. Man kann es ebenso wie bei einem Dauermagneten mit Eisenfeilspänen sichtbar machen. Das Feldlinienbild eines geraden Leiters sieht dann aus wie in der Abbildung gezeigt.

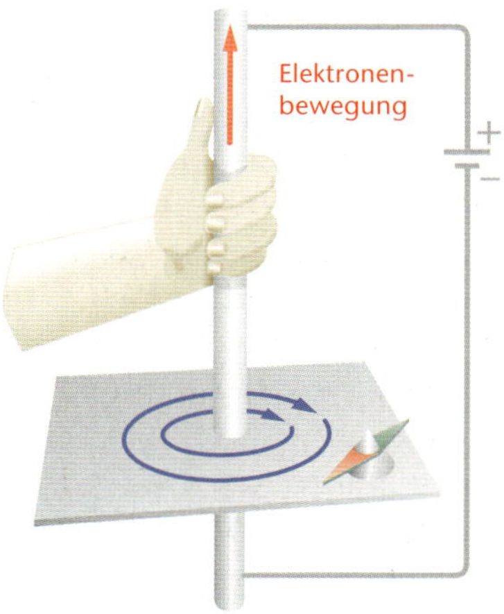

Man erkennt konzentrische Kreise um den Leiter herum. Die Richtung der Feldlinien kannst du folgendermaßen ermitteln: Wenn du den Daumen der linken Hand in die Bewegungsrichtung der Elektronen (also von – nach +) hältst, dann geben die gekrümmten anderen Finger die Richtung der Feldlinien an, wenn du eine Faust bildest (Linke-Hand-Regel).
Wichtig ist auch noch das Feld einer stromdurchflossenen Spule. Das Spulenfeld ist im Außenbereich praktisch identisch mit dem Feld eines Stabmagneten und im Innern der Spule findet man ein annähernd gleichmäßiges (homogenes) Feld (die Feldlinien verlaufen parallel, das Magnetfeld ist überall gleich stark):

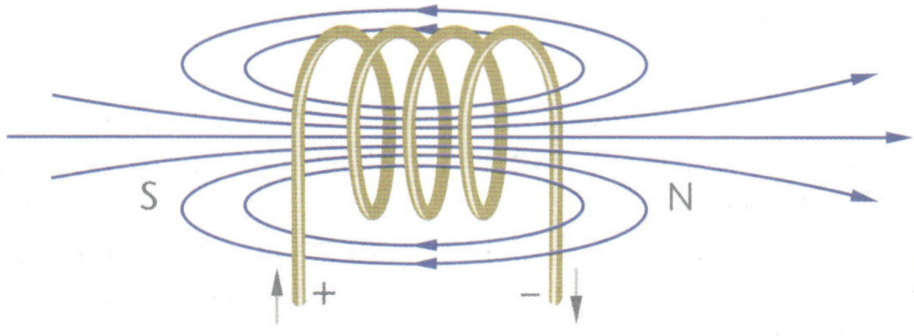

Dass ein elektrischer Strom ein Magnetfeld hervorruft, wird beim Elektromagneten und beim Elektromotor ausgenutzt.

Ein **Elektromagnet** ist einfach eine stromdurchflossene Spule, deren Magnetfeld außerhalb der Spule ja dem eines Stabmagneten gleicht (wobei gleiche Magnetfelder gleiche Wirkungen hervorrufen). Meist füllt man das Spuleninnere mit Eisen, dem so genannten Eisenkern. Da das Eisen dann selbst magnetisiert wird, verstärkt es das Magnetfeld.

Beim **Elektromotor** wird ein drehbar gelagerter Elektromagnet (wie in der Abbildung) in ein starkes Magnetfeld gebracht, genau genommen zwischen den magnetischen Nordpol und den Südpol eines so genannten Feldmagneten. Fließt Strom durch die Spule, wird sie zu einem Elektromagneten. Der Nordpol des Spulenmagneten wird nun vom Südpol des Feldmagneten angezogen und vom Feldmagnetnordpol abgestoßen. Genau umgekehrt verhält es sich mit dem Südpol des Spulenmagneten. Daher dreht sich der Spulenmagnet (vgl. Abbildung). Wie aber wird vermieden, dass die Drehung nach spätestens einer halben Drehung aufhört, wenn sich nämlich jeweils Nord- und Südpol gegenüberstehen? Man polt den Elektromagneten einfach in diesem Moment um, indem man die Stromrichtung blitzschnell umkehrt. Mit dem letzten Schwung dreht sich der Spulenmagnet noch ein bisschen weiter. Da sich nun auf der einen Seite zwei Nordpole, auf der anderen zwei Südpole fast gegenüberstehen und sich stark abstoßen, setzt sich die Drehung fort. Nach der nächsten Halbdrehung wird wieder im richtigen Moment umgepolt usw.

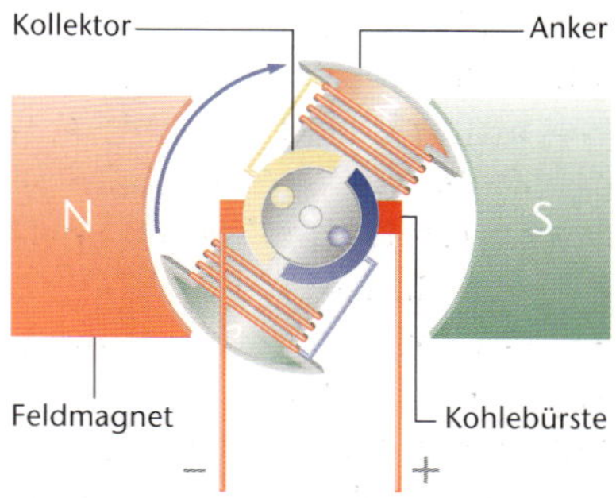

Die Umpolung erfolgt automatisch durch einen technischen Kniff: Mit der Spule dreht sich ein so genannter Kollektor mit. Er besteht aus zwei halben Metallringen, die mit jeweils einem Spulenende leitend verbunden sind und sich mit der Spule mitdrehen. Die Spule wird nun über den Kollektor mit Strom versorgt. Es sind nämlich zwei leitende Kohlebürsten mit den beiden Polen einer elektrischen Quelle verbunden und bilden jeweils an einem der Halbringe des Kollektors einen

Schleifkontakt. Beim Vorbeidrehen der Kollektorhalbringe an den Kohlebürsten ist dann mal der eine und mal der andere Halbring mit dem Pluspol (bzw. Minuspol) der elektrischen Quelle verbunden. Der Wechsel vollzieht sich wie gewünscht nach jeder halben Umdrehung der Spule.

Die Lorentzkraft

Beim Elektromotor hast du gesehen, dass ein Magnet eine Strom führende Spule zu drehen vermag, denn er wirkt auf das von der Spule erzeugte Spulenmagnetfeld. Da ein gerader Strom führender Leiter ebenfalls mit einem Magnetfeld verknüpft ist, bewirkt ein weiteres Magnetfeld auch auf ihn eine Kraft. Die Ursache der Kraft ist dieselbe wie beim Elektromotor, nur ist die Richtung der Kraft wegen des ringförmigen Magnetfelds um den Leiter hier nicht ohne weiteres ersichtlich. Zur Untersuchung der Kraftwirkung dient folgender wichtiger Grundversuch:

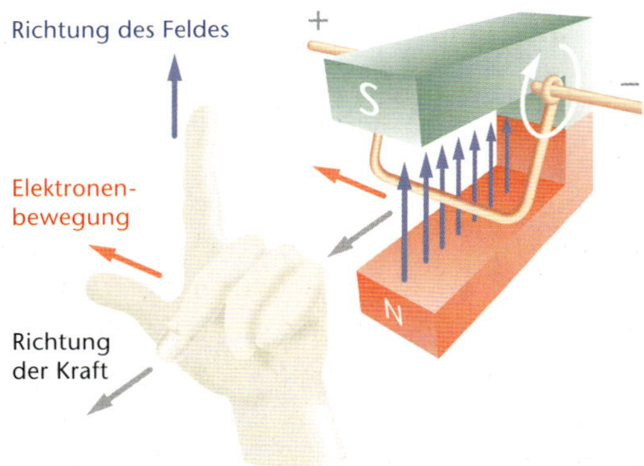

Ein Aluminiumzylinder hängt ähnlich einer Schaukel im homogenen Feldbereich eines Hufeisenmagneten. Über die Aufhängung kann Strom durch den Zylinder fließen. Ohne Stromfluss ist zunächst nichts zu beobachten, da Aluminium nicht ferromagnetisch ist und demzufolge vom Magneten nicht beeinflusst wird. Schaltet man nun den Strom ein, so schwingt in unserer Anordnung die Schaukel ein wenig nach vorn und bleibt in dieser Position stehen. Den Effekt kann man umkehren, wenn man entweder den Strom umpolt oder aber den Magneten umdreht. In beiden Fällen schwingt die Leiterschaukel dann in den Magneten hinein. Variiert man die Versuchsanordnung, stellt man fest, dass die Stärke der Auslenkung von der Stärke des Magneten, der Stromstärke im Leiter und dem Winkel zwischen Leiter und Feldrichtung abhängt.

Dabei ist der Effekt am größten, wenn Leiter und Feldrichtung zueinander senkrecht stehen, und überhaupt nicht mehr zu beobachten, wenn sie parallel zueinander verlaufen.

Die Voraussetzungen und Wirkungen dieses Sachverhalts sind so klar und einfach zu beschreiben, dass man sie als grundlegender betrachtet als etwa die Zusammenhänge beim Elektromotor. Man nennt die in dem obigen Grundversuch auftretende Kraft die **Lorentzkraft**, benannt nach dem Physiker Hendrik A. Lorentz (1853–1928), der diese Kraft entdeckte.

Auf bewegte Ladungen in einem Magnetfeld wirkt die Lorentzkraft. Stehen Bewegungsrichtung und Feldrichtung senkrecht zueinander, bestimmt man die Richtung der Lorentzkraft mit der Drei-Finger-Regel der linken Hand.

Der Daumen zeigt dazu in die Bewegungsrichtung der Elektronen (also von – nach +) und der Zeigefinger in Richtung des Magnetfelds (also von Nord nach Süd). Dann gibt der Mittelfinger die Richtung der Lorentzkraft an.

Die Funktionsweise des Elektromotors lässt sich nun genauso gut mithilfe der Lorentzkraft erklären: Betrachtet man jeweils kleine Spulenstücke, steht die Elektronenbewegung in einem Winkel zum Magnetfeld des Feldmagneten, zum Teil sogar senkrecht (man kann sich das klarer machen, wenn man sich die Spule nicht aus kreisförmigen, sondern viereckigen Windungen zusammengesetzt vorstellt). Die Lorentzkraft ist gerade so gerichtet, dass sie die Spule dreht.

Die Lorentzkraft wird außer beim Elektromotor auch bei der Bildröhre von Fernsehgeräten genutzt. Dabei wird ein Elektronenstrahl durch ein senkrecht zur Bewegungsrichtung der Elektronen gerichtetes Magnetfeld seitlich abgelenkt und damit gesteuert.

3.8 Elektromagnetische Induktion

Im vorangegangenen Kapitel hast du gelernt, dass man mit einer Spule ein Magnetfeld erzeugen kann, wenn Strom durch diese Spule fließt. Elektrische Ströme und Magnetfelder sind also auf eine bestimmte Art miteinander verbunden. Ist dann vielleicht auch der umgekehrte Vorgang möglich, dass man nämlich mithilfe eines Magneten in einer Spule einen Strom bzw. eine Spannung erzeugen kann? Dazu schließt man eine Spule an einen Spannungsmesser an und prüft, wie sie auf einen Stabmagneten reagiert.

Man kann folgende Beobachtungen machen:

1. Ist der Magnet innerhalb oder außerhalb der Spule in Ruhe, so kann keine Spannung gemessen werden.
2. Wenn der Magnet in die Spule hinein oder aus ihr heraus bewegt wird, ist eine Spannung messbar. Auch jede andere Bewegung des Magneten in der Nähe der Spule, z. B. eine Drehung, verursacht eine Spannung.
3. Wenn man anstelle des Magneten die Spule bewegt, erhält man das gleiche Ergebnis.

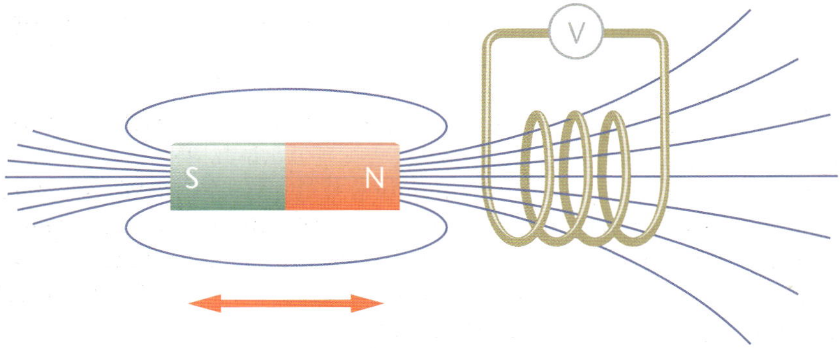

Man kann nun vermuten, dass alle drei Beobachtungen auf eine Ursache zurückgehen. Tatsächlich lassen sie sich mithilfe des Magnetfelds, das ja die Wirkung eines Magneten beschreibt, in einer Bedingung zusammenfassen. Man erhält damit ein neues physikalisches Gesetz:

Wenn sich die Stärke des Magnetfelds im Inneren einer Spule ändert, entsteht eine Spannung an den Anschlüssen der Spule. Dieser Vorgang heißt (elektromagnetische) Induktion.

Beispielsweise vergrößert sich das Magnetfeld im Inneren der Spule, wenn man einen Pol des Magneten zur Spule hinbewegt, denn in der Nähe der Pole ist das Magnetfeld besonders stark. Dreht man den Magneten um 180 Grad, ändert sich das Magnetfeld ebenfalls, die Feldlinien zeigen dann in die entgegengesetzte Richtung.
Genauere Untersuchungen zeigen, wovon der Wert der Induktionsspannung abhängt:

1. Die gemessene Spannung wächst
   a) mit der Geschwindigkeit, mit der der Magnet bewegt wird,
   b) mit der Stärke des Magneten,
   c) mit der Windungszahl der Spule.
2. Die Polung der Spannung ändert sich, wenn man die Bewegungsrichtung des Magneten ändert oder den Magneten herumdreht.

Übrigens hängt die dritte Beobachtung im Grundversuch mit der Lorentzkraft zusammen. Die Bewegung der Spule bedeutet eine Elektronenbewegung. Da die Elektronenbewegung in einem Winkel zum Magnetfeld steht, erfahren die Elektronen die Lorentzkraft und bewegen sich daher entlang der Leitungen. Dies verursacht aber eine Spannung. Tatsächlich kann man auf theoretischer Ebene die Lorentzkraft als einen Spezialfall der Induktion ansehen.
Auch die elektromagnetische Induktion hat eine Vielzahl von Anwendungen. Sicherlich kennst du etwa die **Induktionsschleifen**, die in die Straße verlegt sind, um Ampeln zu steuern. Hält ein Auto über einer solchen Schleife (die nichts anderes ist als eine Strom führende Spule mit einer oder wenigen Windungen), ändert sich in dieser wegen des hohen Eisengehalts des Autos das Magnetfeld, was eine Induktionsspannung zur Folge hat. Diese Induktionsspannung löst die Ampelschaltung aus. Auch Mikrofone, die Magnetstreifen auf Geldkarten

oder die berührungslose Aufladung der Akkus in einer elektrischen Zahnbürste funktionieren über die Induktion. Zwei sehr wichtige Anwendungen wollen wir ein wenig genauer betrachten:
Im vorangegangenen Kapitel hatten wir den Aufbau eines Elektromotors betrachtet. Hier wurde mithilfe eines Feldmagneten und einer stromdurchflossenen Spule die Spule in Rotation versetzt. Praktisch mit demselben Aufbau (aber ohne Kollektor) ist der umgekehrte Vorgang möglich. Dreht man nämlich die Spule innerhalb des Magnetfelds, so ändert sich ständig das die Spule durchsetzende Magnetfeld und man kann an den Spulenenden eine Induktionsspannung messen. Schließt man den Spulenstromkreis, fließt demnach ein Strom. Die mechanische Drehbewegung der Spule wird also in elektrischen Strom verwandelt. Der Motor funktioniert in umgekehrter Richtung also als Stromerzeuger, als **Generator.** Da sich die Richtung der Magnetfeldänderungen jede Halbdrehung ändert (Vergrößerung/Verkleinerung), ändern sich die Antriebsrichtung der Elektronen, d.h. die Polung der Spannung, und ebenso die Stromrichtung. Man spricht dann von **Wechselspannung** und von **Wechselstrom.** Der weitaus größte Teil der im Alltag eingesetzten Generatoren – vom Kraftwerksgenerator bis zum Fahrraddynamo – erzeugt Wechselspannung und Wechselstrom. Auch unser Stromnetz basiert auf Wechselstrom.

Ein großer Vorteil von Wechselspannung gegenüber Gleichspannung besteht darin, dass man die Stärke einer Wechselspannung auf einfache Weise ändern (transformieren) kann. Dies geschieht mit einem **Transformator,** auch kurz **Trafo** genannt. Er ist aus einer Primärspule und einer Sekundärspule aufgebaut, die über ein Eisenjoch (Eisenkern), wie in der Abbildung gezeigt, miteinander verbunden sind.

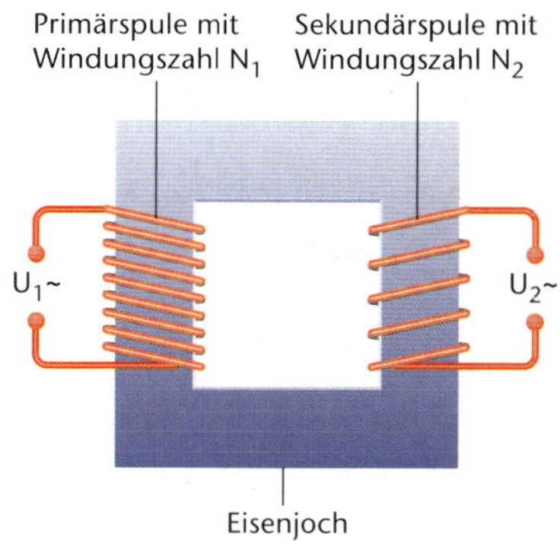

Die Primärspule wird zunächst, wie erwähnt, mit Wechselspannung betrieben. Deshalb pulsiert in der Primärspule ein Wechselstrom, der ein in gleicher Weise pulsierendes, d.h. sich periodisch änderndes Magnetfeld im Eisenkern erzeugt (Nordpol und Südpol wechseln ständig). Dieses Magnetfeld erstreckt sich über den gesamten

Eisenkern, da benachbarte Eisenstücke magnetisch ausgerichtet werden (dies funktioniert sogar über die Ecken). Die Magnetfeldänderungen erzeugen nun durch Induktion in der Sekundärspule eine Wechselspannung (vergleiche hierzu den Grundversuch zur Induktion: Dort wurden die Magnetfeldänderungen von einem Magneten verursacht, hier von der Primärspule; der Eisenkern dient lediglich zur Umlenkung der Magnetfelder). Die Größe dieser Sekundärspannung hängt, wie wir schon im Grundversuch gesehen haben, von der Windungszahl der beiden Spulen ab. Messungen zeigen, dass das Verhältnis der Primärspannung (U_1) zur Sekundärspannung (U_2) identisch mit dem Verhältnis der beiden Windungszahlen (N_1 und N_2) ist.

Für den Transformator gilt: $\frac{U_2}{U_1} = \frac{N_2}{N_1}$.

Das Verhältnis der Windungszahlen der Spulen bestimmt also das Verhältnis der Spannungen.

Eine Modelleisenbahn benötigt eine Spannung von 12 V. Um sie trotzdem mit der Netzspannung (230 V) betreiben zu können, wird ein Transformator zwischengeschaltet. Die Primärspule habe 1150 Windungen. Wie viele Windungen muss die Sekundärspule haben, damit der Trafo die gewünschte Spannungsreduzierung vollzieht?

Lösung: $\frac{U_2}{U_1} = \frac{N_2}{N_1} \Rightarrow N_2 = \frac{U_2}{U_1} \cdot N_1 = \frac{12\,\text{V}}{230\,\text{V}} \cdot 1150 = 60.$

Die Sekundärspule muss also 60 Windungen haben, um die Spannung auf 12 Volt herunterzutransformieren.

3.9 Übungen und Aufgaben

A 1 Fertige eine Tabelle an, in der du die Grundgrößen der Elektrizitätslehre (Ladung, Stromstärke, Spannung und Widerstand) noch einmal übersichtlich zusammenstellst. Vergiss auch die Größensymbole, Einheiten und zugehörigen Formeln nicht. (Bemerkung: Lass noch ein wenig Platz für zwei weitere Größen, die erst im nächsten Kapitel behandelt werden!)

A 2 Ein Elektroskop ist ein einfaches Gerät zum Nachweis elektrischer Ladungen. An einem Metallstab ist, elektrisch leitend, ein beweglicher Metallzeiger befestigt. Bringt man einen geladenen Körper, z. B. einen mit einem Tuch geriebenen Glasstab, auf den Metallteller, so schlägt der Zeiger aus. Erkläre diesen Effekt mithilfe deiner Kenntnisse über elektrische Ladungen. Unterscheide dabei, ob man positive oder negative Ladungen auf den Metallteller aufbringt. Kann man mit diesem Gerät feststellen, ob man positive oder negative Ladungen aufgebracht hat?

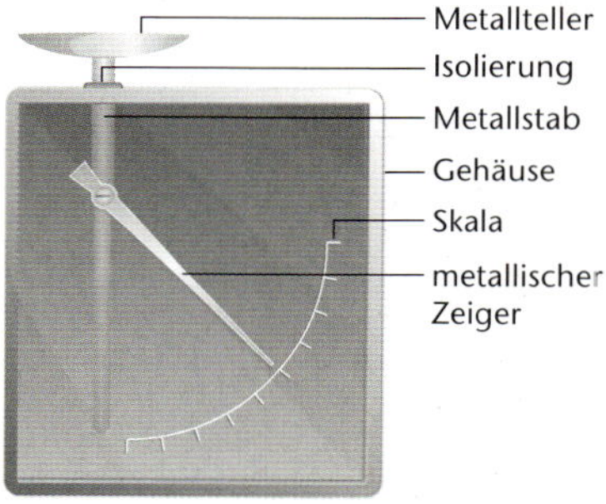

A 3 Beim Kauf einer Autobatterie muss man zwischen vielen unterschiedlichen Modellen auswählen, die sich neben der Größe vor allem in der Aufschrift der Amperestunden (Ah) unterscheiden. Eine mögliche Angabe auf einem Akku lautet „55 Ah". Was bedeutet diese Angabe? Wie lange kann man dem Akku einen Strom der Stärke 1,5 A entnehmen?

A 4 Schließt man eine gewöhnliche Glühlampe an eine 4,5-V-Flachbatterie an, so kann man in dem Stromkreis eine Stromstärke von 50 mA messen, ein Aufleuchten der Lampe ist dabei nicht zu erkennen.

Wird sie dagegen wie üblich mit Netzspannung (230 V) betrieben, so leuchtet sie und die Stromstärke steigt auf das 10-fache, also 500 mA, an. Berechne jeweils den elektrischen Widerstand. Wie kommt es wohl zu diesen unterschiedlichen Widerstandswerten? Warum brennt eine Glühlampe praktisch immer beim Einschalten durch?

A 5 Mithilfe eines Schiebewiderstands kann man z. B. die Helligkeit einer Glühbirne oder die Lautstärke eines Lautsprechers regeln.

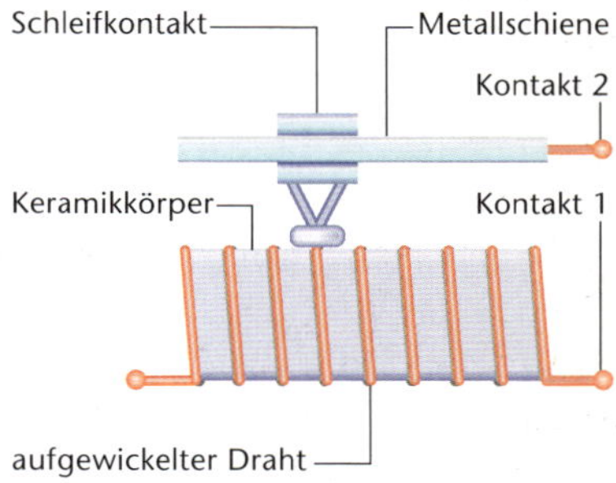

1. Erkläre, wie ein solcher variabler Widerstand funktioniert.
2. Ein Schiebewiderstand ermöglicht z. B. Widerstandswerte zwischen 0 Ω und 100 kΩ. Der Draht besteht aus Kupfer ($\rho = 0{,}017\,\Omega mm^2/m$) mit einer Querschnittsfläche von $0{,}2\,mm^2$. Wie lang ist der aufgewickelte Draht?
3. Eine Spulenwindung habe eine Länge von 30 cm. Um welchen Betrag wächst bzw. sinkt der Widerstand, wenn man den Schleifkontakt eine Windung weiterschiebt?

A 6 In jedem Haushalt sind sämtliche Lampen parallel an die 230-V-Netzspannung angeschlossen. Damit die Stromstärke in den Leitungen nicht zu groß wird (Gefahr durch Erwärmung!), werden sie mit einer Sicherung abgesichert, die den Stromfluss bei Überschreiten einer Stromstärke von 10 A unterbricht. Wie viele Lampen dürfen höchstens parallel geschaltet werden, wenn jede einen Widerstand von 500 Ω hat?

A 7 Am Ende des Kapitels 3.6 (S. 66) wurden zwei verschiedene Schaltungen mit jeweils drei Widerständen vorgestellt. Nimm an, dass eine Gesamtspannung von $U_{ges} = 200\,V$ angelegt wird, und berechne anschließend alle unbekannten Spannungs-, Stromstärke- und Widerstandswerte (also U_1, U_2, U_3, I_1, I_2, I_3, I_{ges} und R_{ges}).

A 8 In Kapitel 3.7 wurde die Leiterschaukel zur Erläuterung der Lorentzkraft vorgestellt. Was kannst du beobachten, wenn man anstelle der Stromversorgung einen Spannungsmesser einbaut und die Schaukel von Hand durch das Magnetfeld bewegt? Erkläre deine Beobachtungen und beschreibe, wie man Einfluss auf die Größe der gemessenen Spannung nehmen kann!

A 9 In Diaprojektoren werden Halogenlampen als Lichtquellen verwendet. Sie geben bei einer Stromstärke von 6,3 A ein sehr helles Licht ab. Ihre Betriebsspannung beträgt jedoch nur 24 V. Trotzdem soll eine solche Halogenlampe an die Netzspannung von 230 V angeschlossen werden.

1. Entwirf zunächst eine Schaltung mit einem zur Lampe in Reihe geschalteten Widerstand (auch Vorwiderstand genannt)! Warum muss er in Reihe geschaltet werden? Wie groß muss der Widerstand sein?
2. Die Spannung soll mit einem Transformator erniedrigt werden. Die Sekundärspule, zu der die Halogenlampe parallel geschaltet wird, habe 100 Windungen. Wie viele Windungen muss die Primärspule haben?

A 10 **Heimversuch:** Schneide von einer Overheadfolie oder einem Plastikschnellhefter zwei ca. 5 cm breite Streifen ab. Nimm sie in die Hand und ziehe sie anschließend durch ein Wolltuch. Die beiden zuvor noch eng beieinander liegenden Streifen streben auseinander. Wie erklärst du deine Beobachtung? Halte die Hand zwischen die beiden Streifen. Was siehst du jetzt? Erkläre!

A 11 **Heimversuch:** Dass dein Fahrraddynamo ein kleiner Generator ist, ist dir sicherlich bekannt. Wenn wir unsere Kenntnisse aus Kapitel 3.7 und 3.8 anwenden, sollte er umgekehrt auch als Motor funktionieren. Um das auszuprobieren, benötigst du allerdings eine Wechselstromquelle (warum?) mit geringer Spannung, z. B. den Transformator einer Modelleisenbahn. Schließe ihn an den Dynamo an (ein Pol ist dabei das Gehäuse!). Wahrscheinlich musst du das Rädchen kurz anstoßen – dann sollte der Motor laufen!

Kapitel 4

Arbeit, Energie und Leistung

4.1 Arbeit

Arbeit ist ein Begriff, der dir sicherlich nahezu täglich begegnet. Wie schon bei der Kraft unterscheidet sich die physikalische Definition jedoch deutlich von dem, was man umgangssprachlich unter Arbeit versteht.

Das Schreiben einer Klassenarbeit oder das Erledigen von Hausaufgaben wirst du sicherlich als Arbeit bezeichnen, im physikalischen Sinne wird hier aber keine Arbeit verrichtet.

Von physikalischer Arbeit spricht man nur dann, wenn etwas unter Krafteinsatz bewegt wird. Die Arbeit ist dann ein Maß für den dazu erforderlichen „Aufwand“. Um uns die physikalische Definition der Arbeit klar zu machen, betrachten wir folgendes einfaches Beispiel:

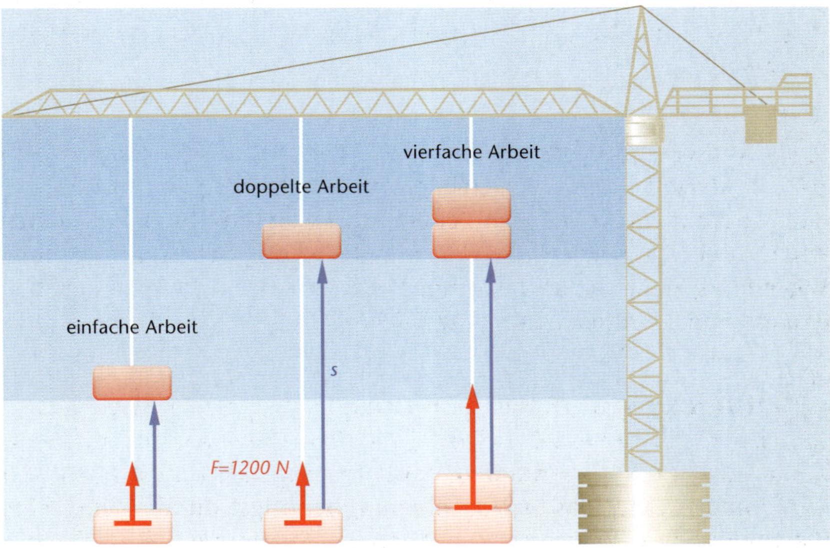

Hier wird im physikalischen Sinn **Arbeit** verrichtet, denn der Kran zieht mit einer Kraft an der Last und bewegt diese dadurch nach oben.

Wir überlegen uns nun, wie die verrichtete Arbeit von der Bewegung und der eingesetzten Kraft abhängen muss.

1. **Überlegung:** Dir wird sofort einleuchten, dass das Heben der Last vom Erdboden in den ersten Stock genauso viel Arbeit erfordert wie das Heben vom ersten in den zweiten Stock, vom zweiten in den dritten usw. Das Hochziehen der Last um insgesamt zwei (drei) Stockwerke benötigt damit doppelt (dreimal) so viel Arbeit wie das Hochziehen um eine Stockwerkshöhe. Da die Zahl der Stockwerke unmittelbar mit der Hebestrecke verknüpft ist, **ist die Arbeit** also **proportional zum zurückgelegten Weg.**
2. **Überlegung:** Es ist eine Alltagserfahrung, dass das Hochziehen schwerer Lasten deutlich anstrengender ist als das Hochziehen leichter Gegenstände. Zum Hochziehen der doppelten Last wird der Kran doppelt so viel Kraft benötigen. Dass die Bewegung mit doppelter Kraft auch doppelt so viel Arbeit bedeutet, wird sofort klar, wenn man sich vorstellt, dass die Last von zwei gleichartigen Kränen gemeinsam hochgezogen würde. Jeder von ihnen hätte dann nämlich die gleiche Arbeit wie bei der ersten Überlegung zu verrichten. Zusammen leisten sie natürlich die doppelte Arbeit. Dies kann für einen **einzelnen** Kran, der mit der **doppelten** Kraft anhebt, nicht anders sein. **Die Arbeit ist** also auch **zur benötigten Kraft proportional.**

Wichtig bei unserem Beispiel ist noch, dass die Kraft dieselbe Richtung hat wie der Weg, der zurückgelegt wird. Wir fassen zusammen:

Arbeit im physikalischen Sinn liegt vor, wenn ein Körper mit einer Kraft in Richtung der Kraft bewegt wird. Die Arbeit (Symbol: W) ist dann proportional zur benötigten Kraft (F) und zum zurückgelegten Weg (s). Man legt fest:

Arbeit = Kraft · Weg bzw. als Formel $W = F \cdot s$.

Die Einheit der Arbeit setzt sich wie immer aus den beiden Einheiten der sie definierenden Größen zusammen. Die zusammengesetzte Einheit „1 Newtonmeter“ (Nm) wurde nach dem englischen Physiker James Prescott Joule (1818–1889) benannt: 1 N · 1 m = 1 Nm = **1 Joule** = **1 J.**

Übrigens erfordert das Halten von Steinen in einer bestimmten Höhe beim Kran keine Arbeit, denn man kann einfach das Zugseil festmachen und den Motor ausschalten; beim Krafteinsatz ohne Bewegung wird also keine Arbeit verrichtet. Aufpassen muss man, wenn Menschen und nicht Maschinen die Handelnden sind:

Wenn ein Mensch einen Stein hochhält und dies auf Dauer als anstrengend empfindet, liegt dies daran, dass seine Muskeln tatsächlich physikalische Arbeit verrichten: Die kleinsten Muskelbestandteile bewegen sich unter Kraftaufwand hin und her. Da diese Arbeit aber nach außen keinen Einfluss hat, berücksichtigt man sie normalerweise nicht.

Es gibt nun in der Mechanik viele verschiedene Möglichkeiten, auf einen Körper eine Kraft in Wegrichtung auszuüben. Sie lassen sich je nach Kraftwirkung auf nur drei Fälle (oder eine Kombination dieser Fälle) zurückführen.

1. Beim Hochbewegen von Lasten wird **Hubarbeit** verrichtet.
2. Beim Beschleunigen oder Bremsen eines Körpers oder Gefährts handelt es sich um **Beschleunigungsarbeit.**
3. Beim Verformen eines Körpers liegt **Spannarbeit** vor (z. B. beim Spannen von Federn).

Manchmal wird als Sonderform auch noch die **Reibungsarbeit** aufgeführt. Sie liegt vor, wenn man auf einen Körper in Bewegung eine Kraft ausüben muss, um den Widerstand gegen die Bewegung auszugleichen. Die Reibungsarbeit ist nun aber einfach eine Mischung aus Beschleunigungsarbeit und Verformungsarbeit, da sich die aneinander reibenden Flächen zum Teil verformen und die kleinsten Teilchen der Reibungsflächen beschleunigt werden (siehe dazu auch Kapitel 4.7).

Oft gibt es mehrere Wege, eine Last auf eine bestimmte Höhe zu befördern, etwa auf dem kürzesten Weg nach oben oder über eine Rampe bzw. schiefe Ebene. Man würde nun natürlich gerne wissen, welcher Weg mit weniger Arbeit verbunden ist. Ein sehr starker Mann würde vielleicht den direkten Weg nach oben bevorzugen; er benötigt zwar viel Kraft, dafür ist der Weg aber auch besonders kurz. Ein schwächerer

Mann würde wohl lieber über die schiefe Ebene gehen, denn das erfordert weniger Krafteinsatz, dafür ist aber der Weg länger. Objektiv gesehen ist jedoch die Arbeit auf beiden Wegen genau gleich groß, denn bei doppeltem (dreifachem) Weg benötigt man genau die Hälfte (ein Drittel) der Kraft (genau diesen Sachverhalt drückt die Formel für die Arbeit aus; prüfe das einfach durch Einsetzen von Beispielwerten nach). Arbeit kann also nicht gespart werden. Dies trifft auch auf die Beschleunigungsarbeit zu: Du kannst dein Fahrrad auf eine bestimmte Geschwindigkeit beschleunigen, indem du entweder mit großer oder mit kleiner Kraft antrittst. Im ersten Fall hast du die Geschwindigkeit nach kurzer Strecke erreicht, im zweiten nach einer langen. Es gilt tatsächlich allgemein:

Wenn man Kraft sparen will, muss man einen größeren Weg zurücklegen. Umgekehrt muss man, um Weg zu sparen, eine größere Kraft aufwenden.
Die Arbeit bleibt in beiden Fällen gleich groß.

Im praktischen Leben können zusätzliche Effekte bewirken, dass diese Regel nicht mehr genau zutrifft: So muss der menschliche Körper sich unverhältnismäßig mehr anstrengen, wenn er an seine Belastungsgrenze stößt, oder auf einem weiten Weg können besonders große Reibungsverluste entstehen.

4.2 Leistung

Bei einem Vergleichstest schaffen zwei Baukräne eine identische Last (900 kg) vom Erdboden auf das Flachdach eines Hauses (Höhe: 10 m). Der eine Kran benötigt 15 s, der andere 45 s. Beide haben am Ende die gleiche Arbeit verrichtet, aber der eine Kran war schneller.
Zum Vergleichen der beiden Vorgänge wäre die Einführung einer neuen Größe wünschenswert. Umgangssprachlich würde man sagen, dass der erste Kran mehr leistet. Auch in der Physik verwendet man hier den Begriff der **Leistung.** Die Leistung (Größensymbol: P) gibt Auskunft über das Arbeitstempo: Je weniger Zeit das Verrichten einer bestimmten Arbeit benötigt bzw. je mehr Arbeit pro Zeiteinheit verrichtet wird, desto größer ist die Leistung. Man definiert daher:

Leistung $= \dfrac{\textit{Arbeit}}{\textit{Zeit}}$ *oder als Formel:* $P = \dfrac{W}{t}$.

Mithilfe der Definitionsgleichung wird auch wieder eine Einheit definiert. Sie wurde nach dem englischen Erfinder James Watt (1736–1819) benannt.

Die Einheit der Leistung ist $\dfrac{1\,\text{Joule}}{1\,\text{Sekunde}} = 1\,\dfrac{\text{J}}{\text{s}} = 1\,\text{Watt} = 1\,\text{W}$.

Leistungen der beiden Kräne vom Eingangsbeispiel:
Kran 1: $P = W/t$, wobei $W = F \cdot s = m \cdot g \cdot h$ (Hubarbeit).
Also gilt: $P = m \cdot g \cdot h/t = 900\,\text{kg} \cdot 10\,(\text{N/kg}) \cdot 10\,\text{m}/15\,\text{s} = 6000\,\text{Nm/s}$ $= 6000\,\text{W}$ ($1\,\text{Nm} = 1\,\text{J}$).
Kran 2: $P = m \cdot g \cdot h/t = 900\,\text{kg} \cdot 10\,(\text{N/kg}) \cdot 10\,\text{m}/40\,\text{s} = 2000\,\text{W}$.
Kran 1 bringt also eine dreimal so große Leistung wie Kran 2.

Durch Umstellen der Einheitengleichung erhält man eine neue Einheit für die Arbeit, die Wattsekunde (Ws): $1\,\text{J} = 1\,\text{W} \cdot 1\,\text{s} = 1\,\text{Ws}$. Ein Vielfaches einer Ws ist eine Kilowattstunde (kWh), was dir im Zusammenhang mit Stromrechnungen bekannt sein dürfte. Mehr dazu im Kapitel 4.5.

4.3 Energie

Arbeit ist immer mit einem Antrieb oder einer Anstrengung verbunden, ist also „nicht kostenlos“ zu haben. So benötigt der Motor eines Krans zum Hochziehen einer Last Treibstoff. Stets muss eine Art Vorrat oder Quelle vorhanden sein, damit man arbeiten kann. Diesen Vorrat nennt man **Energie.** Arbeit und Energie hängen sehr eng zusammen: Um mit einem motorgetriebenen Kran doppelte (dreifache) Arbeit zu verrichten, benötigt man die doppelte (dreifache) Treibstoffmenge, also auch die doppelte (dreifache) Energie; und was man an Energie investiert, kann in Arbeit umgesetzt werden. Die Energie wird daher mit der gleichen Einheit und dem gleichen Größensymbol wie die Arbeit ausgedrückt. Der Unterschied zwischen Arbeit und Energie liegt lediglich darin, dass die Arbeit einen Vorgang (nämlich eine Bewegung unter Krafteinsatz), die Energie aber ein Vermögen bzw. die Voraussetzung zum Arbeiten bezeichnet.
Betrachten wir nun eine Last, die vom Erdboden auf das obere Ende einer Wippe gehoben wurde, was eine bestimmte Arbeit erforderte. Diese Last kann eine zweite Last auf der anderen Seite der Wippe hochbringen, indem sie den Wippmechanismus in Gang setzt. Die erhöhte Lage der ersten Last vermag also den Antrieb und damit die Energie für das Hochbringen der zweiten Last zu liefern. Und zwar kann mit dieser Energie genauso viel Arbeit geleistet werden, wie das ursprüngliche Hochheben der ersten Last an Arbeit erforderte; denn wenn die zweite Kiste (nahezu) gleich schwer ist, kann sie dieselbe Höhe erreichen wie ursprünglich die erste. In der erhöhten Position der Last ist damit quasi die ursprünglich investierte Arbeit gespeichert. Man legt daher fest:

Energie ist „gespeicherte Arbeit“. Energie beschreibt damit das Vermögen, Arbeit zu verrichten. Größensymbol und Einheit von Energie und Arbeit sind identisch.

Um eine Last unter Verrichtung von Arbeit anzuheben, ist Energie nötig. Anschließend besitzt die angehobene Last selbst Energie (das Vermögen, Arbeit zu verrichten). Man sagt daher, dass beim Arbeiten

Energie übertragen wird. Genau genommen ist Arbeit nichts anderes als Energieübertragung.
Es gibt nun viele Möglichkeiten, Arbeit zu speichern. Entsprechend unterscheidet man verschiedene **Energieformen.** Wir machen uns das an einem einfachen Beispiel klar:

Die Feder eines Spielzeugautos wird aufgezogen und das Auto auf eine Fahrbahn gesetzt und losgelassen (1). Es nimmt Fahrt auf, bis es den Kontakt mit der Feder verliert und seine Höchstgeschwindigkeit erreicht hat (2). Anschließend fährt es eine Rampe (schiefe Ebene) hoch, bis es seine Geschwindigkeit vollständig verloren hat (3). Jetzt beschreiben wir die Verhältnisse mit Arbeit und Energie:
Arbeit: Vor Situation (1) wird Verformungsarbeit geleistet. Zwischen der Situation (1) und der Situation (2) beschleunigt das Auto, es wird also Beschleunigungsarbeit verrichtet. Von Situation (2) bis Situation (3) gewinnt das Auto an Höhe, was Hubarbeit erfordert.
Energie: In der gespannten Feder (1) ist die Spannarbeit, die man beim Spannen verrichtet hat, gespeichert. Diese gespeicherte Arbeit liefert den Antrieb für die Beschleunigung. Die gespannte Feder besitzt also Energie, die man hier Spannenergie nennt. Diese Energie geht durch die Beschleunigungsarbeit nicht verloren, sie wird vielmehr in Bewegung des Autos (Geschwindigkeit) umgewandelt (2). Da das sich bewegende Auto ebenfalls Arbeit leisten kann, besitzt es Bewegungsenergie. Die Bewegungsenergie liefert den Antrieb für das Hochfahren. Sie wird durch Hubarbeit in eine erhöhte Lage umgewandelt (3). Die erhöhte Lage kann ihrerseits wieder den Ausgangspunkt für eine Beschleunigung des Autos bilden. Das oben befindliche Auto besitzt also Energie, nämlich Lageenergie.

Spannarbeit → Spannenergie,
Beschleunigungsarbeit → Bewegungsenergie,
Hubarbeit → Lageenergie.

Weitere Energieformen sind:

- **Chemische Energie**, die z. B. in Treibstoff enthalten ist und mit der Motoren angetrieben werden. Auch Nahrungsmittel für Mensch und Tier enthalten chemische Energie.
- **Elektrische Energie**, die z. B. eine Batterie liefert und mit der etwa Elektromotoren angetrieben werden (s. u.).
- **Thermische Energie** (siehe Kapitel 4.6).

Im Prinzip können alle Energieformen durch Arbeit in andere Energieformen umgewandelt werden. Damit verbindet die Energie die verschiedenen Gebiete der Physik miteinander (eine weitere Übertragungsart von Energie wird in Kapitel 4.7 angesprochen). Mehr zur Umwandlung von Energie in verschiedene Formen findest du in Kapitel 4.8.

4.4 Elektrische Energie

In unserem Eingangsbeispiel in Kapitel 4.1 bzw. 4.3 erhielt der Kran zur Verrichtung der Hubarbeit seine Energie aus Treibstoff. Natürlich kannst du dir ebenso gut einen Elektromotor vorstellen, der diese Arbeit mithilfe von elektrischer Energie verrichtet. Die elektrische Energie stammt von einem Netzgerät, das über das Stromnetz versorgt wird, oder von einer Batterie. Im Fall der Batterie können wir uns eine Vorstellung machen, was man unter elektrischer Energie versteht.
Betrachten wir dazu nochmals unser Modell zur elektrischen Spannung aus Kapitel 3.4. Dort hatten die beiden Wasserbehälter, die den Polen entsprechen, unterschiedliche Wasserstandshöhen. Das bedeutet aber nichts anderes, als dass das in größerer Höhe befindliche Wasser Lageenergie besitzt. Diese Energie treibt also den Wasserkreis

an. Die Pumpe im Wasserkreis, die dafür sorgt, dass der obere Behälter nicht leer wird, verrichtet Hubarbeit. Die Vorgänge im realen Stromkreis verlaufen ganz entsprechend, hier werden aufgrund chemischer Kräfte Ladungsträger getrennt und von ihren ursprünglichen Plätzen wegbewegt.
Im Kapitel 3.4 hatten wir nur in Worten beschrieben, was Spannung ist. Mithilfe der Energie können wir sie nun genau festlegen. Eine sorgfältige Untersuchung zeigt nämlich:
Je mehr Energie bei der Trennung der Ladungen aufgewandt wird, desto stärker ist der Antrieb der Ladungsträger und damit die elektrische Spannung. Die Spannung ist demzufolge ein Maß dafür, wie viel Energie pro Ladung zur Verfügung steht.

Die elektrische Spannung gibt an, wie viel Energie pro Ladung zur Verfügung steht, d.h.

$$\text{Spannung} = \frac{\text{Energie}}{\text{Ladung}} \quad \text{oder als Formel} \quad U = \frac{W}{Q}.$$

Damit können wir jetzt auch genauer die Einheit der Spannung definieren, denn wie üblich wird sie auch hier wieder durch die Einheiten der sie definierenden Größen festgelegt:

$$1\,\text{Volt} = \frac{1\,\text{Joule}}{1\,\text{Coulomb}} \quad \text{bzw. in Symbolen} \quad 1\,\text{V} = \frac{1\,\text{J}}{1\,\text{C}}.$$

Sind Spannung und Zahl der gepumpten Ladungsträger bekannt, kann man durch Umstellen der Formel die aufgewendete elektrische Energie berechnen:

Elektrische Energie = Spannung · Ladung

oder als Formel:

$W = U \cdot Q.$

Da die elektrische Energie sehr oft über die Spannung und die Ladung berechnet wird, verwendet man als Einheit für die elektrische Energie statt 1 Joule auch die zusammengesetzte Einheit $1\,\text{VAs} = 1\,\text{V} \cdot 1\,\text{As}$.

Die elektrische Energie der Stromquelle wird über die Bewegung der Ladungsträger in der Leitung auf Motoren, Glühbirnen oder andere elektrische Geräte übertragen. Was die Quelle an Energie abgibt, wird im jeweiligen Gerät umgesetzt, z. B. in Form von Bewegung (Ventilator etc.) oder Erwärmung (Heizkissen etc.).

Ein Haartrockner wird mit 230 V Netzspannung betrieben. Gleichzeitig misst man eine Stromstärke von 5 A. Wie viel elektrische Energie wird in einer Minute in Wärme umgesetzt?

Lösung: Es gilt $W = U \cdot Q$
und die Ladung Q erhält man über $Q = I \cdot t$.

Insgesamt gilt also:
$W = U \cdot I \cdot t = 230\,V \cdot 5\,A \cdot 60\,s =$
$69\,000\,VAs = 69\,000(J/As) \cdot As = 69\,000\,J.$

Oft muss man die elektrische Energie wie in der Beispielaufgabe berechnen. Man merkt sich also am besten:

Formel für die elektrische Energie: $W = U \cdot I \cdot t$.

4.5 Elektrische Leistung

Leistungsangaben auf elektrischen Geräten begegnen dir ständig. So bilden sie etwa bei Hi-Fi-Verstärkern, Glühbirnen, Haartrocknern, Staubsaugern oder Bohrmaschinen ein wichtiges Unterscheidungskriterium zwischen den verschiedenen Modellen. In solchen Geräten wird Arbeit verrichtet, z. B. treibt ein Motor einen Ventilator an, eine Glühbirne wird durch Reibungsarbeit der Ladungsträger im Glühdraht erwärmt.

Wir wissen bereits, dass die Leistung umso größer ist, je mehr Arbeit in einer bestimmten Zeit t verrichtet wird ($P = W/t$, Abschnitt 4.2). Die geleistete Arbeit ist nun gerade so groß wie die von der Stromquelle bereitgestellte Energie. Wie viel Energie in einer bestimmten Zeit bereitgestellt wird, wissen wir aber schon aus Abschnitt 4.4. Wenn wir diese Energie in die Formel für die Leistung einsetzen, haben wir schon die Leistung berechnet.

Die Leistung berechnet man durch $P = \frac{W}{t}$.

W ist hier gerade die elektrische Energie: $W = U \cdot I \cdot t$.

Ersetzt man also in der Formel für die elektrische Leistung die Energie durch $U \cdot I \cdot t$, erhält man einen gleichwertigen Ausdruck für die Leistung, der den Zusammenhang mit Spannung und Stromstärke enthält:

$$P = \frac{W}{t} = \frac{U \cdot I \cdot t}{t} = U \cdot I.$$

Im letzten Schritt wurde die Zeit t gekürzt.

El. Leistung = Spannung · Stromstärke oder als Formel: $P = U \cdot I$.

Das Ergebnis lässt sich plausibel machen: Die elektrische Leistung ist umso größer, je mehr Elektronen durch ein Gerät getrieben werden (Proportionalität zur Stromstärke I) und je stärker jedes Elektron angetrieben wird (Proportionalität zur Spannung U).

Da bei vielen elektrischen Geräten die Leistung angegeben ist (z. B. 1500 Watt) und die Betriebszeit leicht zu kontrollieren ist, gibt man die elektrische Energie häufig nicht in Joule, sondern mithilfe der Leistung und der beanspruchten Zeit an (über: Energie = Leistung · Zeit), nämlich in Wattsekunden (1 J = 1 Ws, vergleiche Kapitel 4.2) bzw. Kilowattstunden. Dabei ist eine Kilowattstunde die Energie, die ein Gerät von 1000 Watt Leistung benötigt, wenn es eine Stunde lang betrieben wird. Für die Umrechnung zwischen Kilowattstunden und Wattsekunden gilt:

$$1\,\text{kWh} = 1000\,\text{Wh} = 1000 \cdot 3600\,\text{Ws} = 3\,600\,000\,\text{Ws}.$$

Man rechnet z. B. den Energieverbrauch im Haushalt in der Einheit kWh ab, da die Einheit 1 Ws sehr klein ist und unhandlich große Zahlenwerte verursachen würde.

Eine Einheit der elektrischen Energie ist 1 Wattsekunde = 1 Ws oder auch 1 Kilowattstunde = 1 kWh.

Im Hausflur wird die 75-W-Glühbirne durch eine gleich helle Energiesparlampe ersetzt, die eine Leistung von nur 15 W hat. Wie viel Geld kann man pro Jahr einsparen, wenn eine Kilowattstunde 0,1 € kostet (und die Lampe ununterbrochen brennt)?
Lösung: Ermittle die Energiedifferenz zwischen beiden Lampen. Die Kosten für diese Energiedifferenz entsprechen dann gerade der Einsparung.
Die neue Energiesparlampe hat eine um 60 W geringere Leistungsaufnahme. Ein Jahr hat 365 · 24 h = 8760 h. Aus dem Leistungsunterschied und der Laufzeit bestimmt man durch Umstellen der Gleichung $P = W/t$ die Energiedifferenz W:

$$W = P \cdot t = 60\,\text{W} \cdot 8760\,\text{h} = 525\,600\,\text{Wh} = 525{,}6\,\text{kWh}.$$

Einsparung: $525{,}6\,\text{kWh} \cdot 0{,}1\,€ / \text{kWh} = 52{,}56\,€$.

Auf einem Schulfest sollen Waffeln gebacken werden. Wie viele Waffeleisen mit einer Leistung von 500 W können gleichzeitig bei Netzspannung (230 V) an die mit einer 16-A-Sicherung abgesicherte Steckdose angeschlossen werden?
Lösung: Die Waffeleisen werden alle parallel geschaltet, also wird jedes mit 230 V betrieben und es addieren sich die Stromstärken von jedem Waffeleisen (nach den Gesetzen der Parallelschaltung, vergleiche Kapitel 3.6). Man muss also nur die Stromstärke durch ein einzelnes Waffeleisen berechnen und dann herausfinden, wievielmal diese Stromstärke in 16 Ampere hineinpasst.

Für die Einzelstromstärken gilt:

$$P = U \cdot I \Rightarrow I = \frac{P}{U} = \frac{500\,\text{W}}{230\,\text{V}} = \frac{500\,\text{VA}}{230\,\text{V}} = 2{,}17\,\text{A}.$$

Berechnung der maximalen Anzahl: 16 A / 2,17 A = 7,37, d.h., es können maximal sieben Geräte gleichzeitig betrieben werden! (Bei der Rechnung wurde die wichtige Einheitengleichung $1\,\text{W} = 1\,\text{V} \cdot 1\,\text{A}$ benutzt, die sich aus den Formeln für elekrische Leistung und Energie ergibt.)

4.6 Temperatur und innere Energie

Im Schwimmbad kannst du bekanntlich den „Sprung ins kalte Wasser“ deutlich abmildern, wenn du dich vor dem Sprung ins Becken kalt abduschst. Das Wasser wird dann als deutlich wärmer empfunden als ohne die vorherige Abkühlung. Temperaturempfindung ist also etwas sehr Subjektives. In der Physik benötigt man für eine Messgröße jedoch objektive Vergleichsmöglichkeiten; man benutzt hier **Thermometer.** Flüssigkeitsthermometer nutzen z. B. die gleichmäßige Ausdehnung von Flüssigkeiten mit steigender Temperatur aus. Die Vergrößerung des Volumens wird dabei durch ein Steigrohr angezeigt.

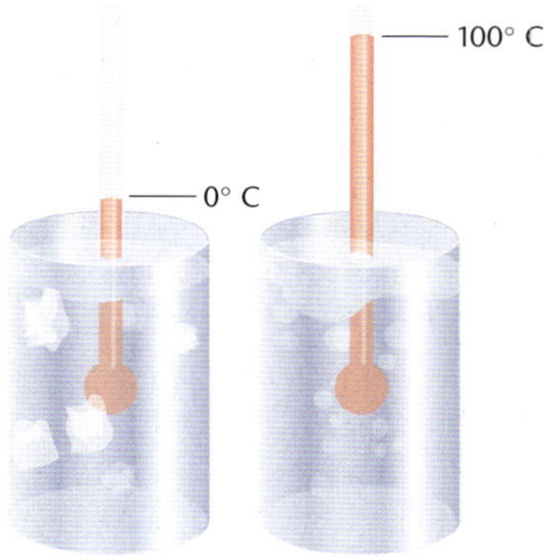

Eiswasser siedendes Wasser

Eine Skala kann man z. B. gewinnen, indem man den Flüssigkeitsstand im Steigrohr beim Gefrierpunkt des Wassers mit 0°C und den Stand beim Siedepunkt mit 100°C festlegt und den Zwischenraum zwischen diesen beiden Flüssigkeitsständen in 100 gleiche Teile teilt.

Neben der Einheit °C (Grad Celsius), die nach dem schwedischen Physiker Anders Celsius (1701–1744) benannt wurde, ist auch die Einheit K (Kelvin, ohne „Grad“!), benannt nach dem englischen Physiker William Lord Kelvin (1824–1907), gebräuchlich. Es gilt:

$$0\,°C = 273\,K \quad \text{und} \quad 100\,°C = 373\,K,$$

die Schrittweite beider Skalen ist also identisch, lediglich der Nullpunkt liegt anders.

Die Temperatur gibt an, wie warm oder wie kalt ein Körper ist. Sie wird mithilfe von Thermometern in den Einheiten Grad Celsius (°C) oder Kelvin (K) gemessen.

Wie aber kommen die verschiedenen Temperaturen eines Körpers zustande? Hier hilft uns wieder einmal das Teilchenmodell weiter, das wir nun etwas genauer betrachten.

In Gasen fliegen die Teilchen völlig ungeordnet und ohne jede Verbindung untereinander in dem zur Verfügung stehenden Volumen hin und her. Sie stoßen gegeneinander und gegen die Gefäßwände und bleiben in einer ständigen regellosen Bewegung.

In Flüssigkeiten liegen die Teilchen zwar enger beieinander und es besteht auch ein gewisser Zusammenhalt. Sie sind aber noch immer gegeneinander verschiebbar und führen auch ähnliche ungeordnete Zickzackbewegungen aus.

Anders ist das Aussehen eines Festkörpers. Ihn kann man sich aus Teilchen mit festen Verbindungen untereinander vorstellen. Trotzdem sind auch hier die Teilchen nicht absolut unbeweglich. Sie haben zwar ihren festen Platz, können aber noch mehr oder weniger stark hin- und herschwingen. Daher stellt man sich die Verbindungen zwischen den Teilchen auch häufig als winzige Federn vor.

Könnte man die Teilchen einzeln beobachten, so würde man feststellen, dass sie sich alle mit etwa der gleichen Geschwindigkeit bewegen bzw. alle gleich stark schwingen. Dies ist auch leicht nachvollziehbar: Ein schnelleres Teilchen in einem Gas oder einer Flüssigkeit würde durch sehr viel häufigere Stöße sehr schnell seine größere Geschwindigkeit einbüßen und ein stärker schwingendes Teilchen in einem Festkörper würde seine stärkere Schwingung durch den Federzusammenhalt schnell auf die anderen Teilchen übertragen. Man hat nun festgestellt, dass die mittlere Geschwindigkeit bzw. die Stärke der Schwingungen der Teilchen in einem engen Zusammenhang mit der Temperatur des Körpers steht. Wenn die Temperatur steigt, dann wird auch die mittlere Geschwindigkeit der Teilchen größer bzw. werden die Teilchen in stärkere Schwingungen versetzt. Mit der Geschwindigkeit der Teilchen bzw. der Stärke der Schwingungen steigt aber auch die Bewegungsenergie der Teilchen. Tatsächlich gilt nun folgender Zusammenhang:

Die Temperatur eines Körpers ist umso größer, je größer die mittlere Bewegungsenergie seiner Teilchen ist.

Die Thermometerflüssigkeit dehnt sich bei Erwärmung aus, weil die Flüssigkeitsteilchen stärker schwingen und mehr Platz benötigen. Aus dem gleichen Grund beanspruchen auch andere Flüssigkeiten und feste Körper ein größeres Volumen (man sieht das nur meistens nicht, weil die Ausdehnung relativ klein ist). Gase entwickeln bei Temperaturerhöhung einen höheren Druck und versuchen dadurch ein größeres Volumen einzunehmen. Dies gelingt aber nur, wenn die begrenzenden Flächen nachgeben, etwa in einem Luftballon.

Summiert man die Bewegungsenergie aller in einem Körper vorhandenen Teilchen, so bezeichnet man dies als die **innere Energie** oder auch **thermische Energie** des Körpers. Dieser Begriff ist eigentlich nichts wesentlich Neues, er ist einfach praktisch, um die gesamte innere Bewegungsenergie eines Körpers zu benennen.

Die innere Energie oder thermische Energie eines Körpers ist die Summe aller Bewegungsenergien seiner Teilchen.

Klar ist, dass die innere Energie mit der Temperatur eines Körpers steigt, weil mit der Temperatur ja auch die Bewegungsenergie der einzelnen Teilchen zunimmt. Trotz dieses engen Zusammenhangs zwischen Temperatur und innerer Energie darf man die beiden Begriffe aber nicht verwechseln. Die innere Energie ist nämlich auch noch zur Teilchenzahl proportional.

Wir füllen kaltes Wasser in eine Badewanne und entnehmen anschließend ein Becherglas von diesem Wasser. In beiden Gefäßen herrscht also dieselbe Wassertemperatur – dennoch ist die innere Energie des Badewannenwassers erheblich größer, da die Summe aller Teilchenenergien aufgrund der sehr viel größeren Anzahl von Teilchen natürlich ebenfalls viel größer ist!

Nun nehmen wir zwei gleichartige Tauchsieder und halten sie für jeweils fünf Minuten sowohl in das Glas als auch in die Badewanne. Damit haben wir dem Wasser in beiden Gefäßen dieselbe Energiemenge zugeführt, die innere Energie beider Wassermengen hat also um denselben Betrag zugenommen. Dennoch ist die Temperaturzunahme in den beiden Gefäßen sehr verschieden. In der Badewanne wird sie nur mit einem empfindlichen Thermometer nachweisbar sein, während wir das Wasser im Glas wahrscheinlich bereits zum Sieden gebracht haben!

4.7 Übertragungsformen und Transport innerer Energie

Wie lässt sich die Temperatur (und damit die innere Energie) eines Körpers erhöhen? Dazu gibt es zwei prinzipielle Möglichkeiten:

1. **Durch Arbeit:** Sicher hast du schon einmal bemerkt, dass das Sägeblatt einer Säge ebenso wie das Werkstück nach dem Sägevorgang wärmer als vorher sind. Die innere Energie ist hier also durch Reibungsarbeit zugeführt worden. Im Teilchenmodell kann man sich vorstellen, dass die Teilchen durch den Reibungsvorgang zu immer stärkeren Schwingungen angeregt werden.

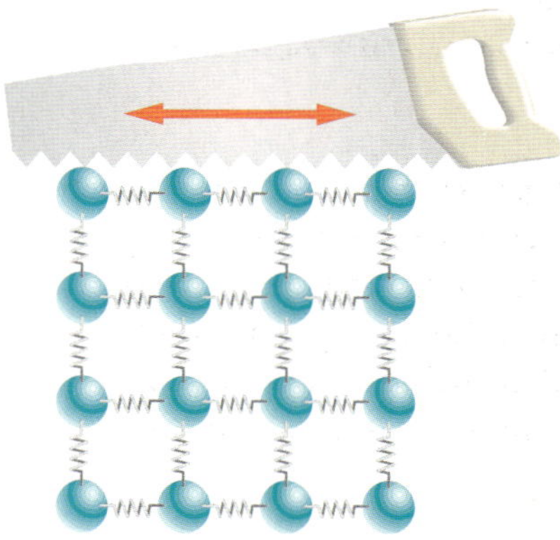

2. **Durch Aufnehmen von Energie von einem heißeren Körper** (z. B. durch direkten Kontakt): Allein aufgrund des Temperaturunterschieds, also ohne Eingriffe von außen, fließt Energie vom heißeren Körper zum kälteren. Man bezeichnet diese strömende Energie in der Physik als **Wärme.** Im Unterschied zum alltäglichen Sprachgebrauch verwendet man den Begriff Wärme hier nur für Energie, die unterwegs ist, und nicht etwa für die Temperatur oder

innere Energie eines Körpers. Es gibt nun drei prinzipielle Möglichkeiten Wärme zu übertragen, die jeweils an einem Beispiel dargestellt werden sollen.

a) Beim Herd wird die Wärme durch direkten Kontakt zwischen Herdplatte und Kochtopf weitergegeben. Im Teilchenmodell stellen wir uns vor, dass die stärker schwingenden Teilchen der wärmeren Herdplatte durch Stöße ihre Bewegungsenergie auf die Teilchen des kälteren Kochtopfs übertragen. Man nennt diesen Vorgang **Wärmeleitung.** Dabei gibt es gute und schlechte Wärmeleiter. Kochtöpfe bestehen aus Metall, weil Metalle besonders gute Wärmeleiter sind. Die Griffe des Topfs werden dagegen häufig aus Kunststoff oder Holz gefertigt, da die schlechten Wärmeleitungseigenschaften dieser Materialien den Koch vor Verbrennungen schützen. Luft ist ein vergleichsweise schlechter Wärmeleiter.
Wenn nicht, wie z. B. beim Herd, Energie nachgeliefert wird, werden die Teilchen des heißeren Körpers durch die Stöße allmählich langsamer, seine innere Energie nimmt also ab und seine Temperatur wird allmählich kleiner. Wärme fließt also so lange, bis beide Körper eine gemeinsame (mittlere) Temperatur erreicht haben.

b) Beim Grillen wird das Grillgut auch ohne direkten Kontakt zur Wärmequelle gar. Man spürt die Wärme besonders oberhalb der Grillkohle deutlich. Bei günstigen Lichtverhältnissen kann man auch die Strömung warmer Luft beobachten. Diese äußert sich häufig in einem Flimmern. Die Wärme der Grillkohle wird also von der umgebenden Luft mitgeführt. Man nennt diesen Vorgang daher **Wärmemitführung** oder **(Wärme-)Konvektion.** Neben Gasen können auch strömende Flüssigkeiten Energie mitführen. Auf diese Weise werden etwa durch warme Meeresströmungen riesige Energiemengen transportiert.

c) Der Dönergrill arbeitet nicht mit Holzkohle, sondern mit senkrecht stehenden Heizstäben, vor denen sich das Grillgut dreht. Hier kann die Wärmeströmung nur eine untergeordnete Rolle spielen, denn sie wird weitgehend nach oben abgeführt. Stattdessen wird das Grillgut durch **Wärmestrahlung** gegart. Im Unterschied zur Konvektion sind hier keine Teilchen beteiligt. Die Strahlung besteht vielmehr aus sichtbarem Licht und lichtähnlichen unsichtbaren Anteilen (sogenanntem Infrarotlicht). Eine solche Strahlung sendet z. B. auch die Sonne aus, wodurch immense Energiemengen zur Erde transportiert werden. Bei diesem Energietransport ist ausschließlich Wärmestrahlung im Spiel, denn in den Weiten des Weltalls gibt es praktisch keine Teilchen, die diese Energie transportieren oder durch Stöße übertragen könnten.

Energie kann durch Wärmeleitung, Wärmekonvektion oder Wärmestrahlung von einem Ort zu einem anderen übertragen werden.

4.8 Energieerhaltung und Energieentwertung

Du hast in den vorangegangenen Abschnitten (vor allem in Kapitel 4.3) schon mehrere Beispiele zur Übertragung von einer Energieform in eine andere kennen gelernt. Solche Energieübertragungen und -umwandlungen finden nahezu immer und überall statt. Oftmals sind ganze Ketten von Energieumwandlungen beteiligt. Als Beispiel hierfür diene etwa ein Wärmekraftwerk.

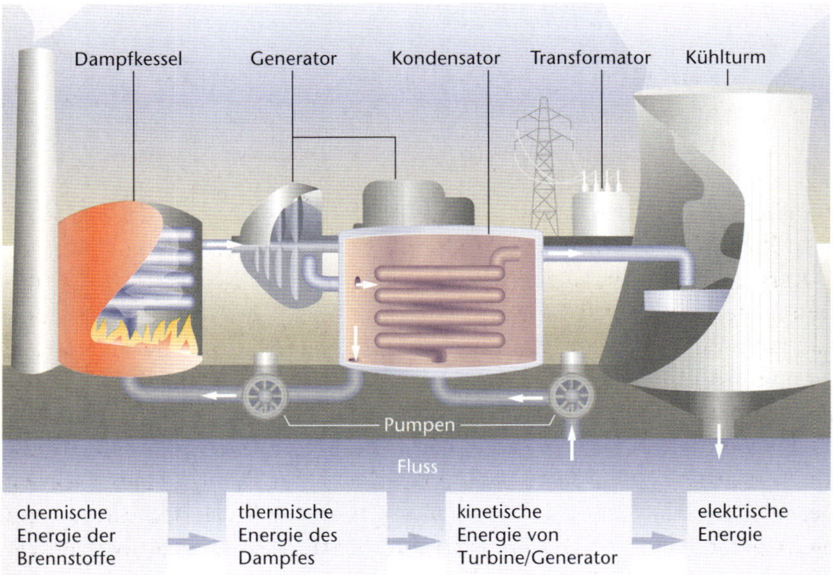

Man könnte die Energieumwandlungen nun noch weiter fortsetzen. Die elektrische Energie könnte z. B. umgewandelt werden in die Bewegungsenergie einer E-Lok, in die thermische Energie einer Heizspirale, in die magnetische Energie eines Elektromagneten und vieles mehr. Die am Anfang der Energieumwandlungskette auftretende chemische Energie ist in Brennstoffen wie Pflanzen, Holz, Kohle, Öl oder Gas gespeichert und wird bei chemischen Reaktionen als Wärme (Bewegungsenergie) abgegeben. Auch die chemische Energie „entsteht" bei genauerer Betrachtung wiederum nur als Umwandlungsprozess: die Pflanzen wandeln nämlich bei der Photosynthese die von der Sonne stammende Strahlungsenergie in chemische Energie um, wobei die

fossilen Brennstoffe ja ebenfalls über Jahrmillionen aus pflanzlichen Bestandteilen entstanden sind. Würden wir statt des Wärmekraftwerks ein Kernkraftwerk wählen, stünde am Beginn der Kette statt der chemischen Energie die nukleare Energie des Brennstoffs Uran.
Von entscheidender Wichtigkeit bei all diesen Umwandlungen ist der bereits angesprochene Energieerhaltungssatz, der zu den wichtigsten Gesetzen der Physik zählt:

Energieerhaltungssatz:
Energie kann nicht erzeugt oder vernichtet werden, sie wandelt sich lediglich von einer Energieform in eine andere um.

Möglicherweise erscheint dir der Satz auf dem ersten Blick unverständlich, denn in unserer Alltagssprache ist ja eigentlich ständig von „Energieverbrauch“ oder „Energieerzeugung“ (z. B. in Kraftwerken) die Rede. Der Widerspruch klärt sich bei sorgfältigem Sprachgebrauch aber schnell auf: Mit „Energieerzeugung“ ist in der Regel die Erzeugung einer bestimmten Art von Energie – meist elektrischer Energie – gemeint. Sie entsteht aber, wie wir oben bereits gesehen haben, in einer ganzen Kette von Umwandlungsprozessen, die alle dem Energieerhaltungssatz genügen. Von „Energieverbrauch“ sprechen wir etwa bei einem elektrischen Gerät, weil wir hier für die Umwandlung von elektrischer Energie in eine andere Energieform, z. B. die Bewegungsenergie einer Bohrmaschine, an das Elektrizitätswerk bezahlen müssen.
Vielleicht findest du es auch wenig einsichtig, dass man Energie nicht vernichten kann. Ein Autounfall, bei dem die Bewegungsenergie abrupt verschwindet, erscheint beispielsweise doch eine ganz erhebliche Energievernichtung darzustellen. Bei genauer Betrachtung wird die Bewegungsenergie aber in Verformungsenergie und in thermische Energie umgewandelt, ohne dass Energie verloren geht. Man sieht nur die thermische Energie nicht mehr, da sie nicht ohne Aufwand der Umgebung wieder entzogen und nicht mehr nutzbar gemacht werden kann. Die Physik nennt einen solchen Vorgang **Energieentwertung**, da die Energie eben nicht vernichtet wird, sondern nur in nicht nutzbare thermische Energie umgewandelt wird.

Unter Energieentwertung versteht man die Umwandlung von nutzbarer Energie in nicht weiter verwertbare thermische Energie.

Energieentwertung ist eine Begleiterscheinung fast jeder Energieumwandlung. So ist z. B. die obige Energieumwandlungskette des Wärmekraftwerks eigentlich nicht ganz korrekt, denn an keiner Stelle wird eine Energieform zu 100% in eine andere umgewandelt. Fast immer wird ein oft sogar ganz erheblicher Teil zu wertloser thermischer Energie entwertet. Ein Teil der Energie wird z. B. als heißer Rauch durch den Schornstein geblasen. Die drehbar gelagerten Turbinen und Generatoren erzeugen durch Reibung sogar so viel thermische Energie, dass man diese in eigenen Kühlsystemen abführen muss, damit sie nicht zur Zerstörung der Anlage führt. Vergleicht man die am Anfang der Umwandlungskette stehende chemische Energie des Brennstoffs mit der am Ende stehenden elektrischen Energie, so stellt man fest, dass nur etwa 35–40% der chemischen Energie tatsächlich in elektrische Energie verwandelt wurden! Dies gilt in ähnlicher Weise auch für viele andere Umwandlungsprozesse.

4.9 Übungen und Aufgaben

A 1

1. Welche Arbeit muss ein 80 kg schwerer Mann verrichten, der eine Treppe vom Erdgeschoss in den 15 m höher gelegenen 5. Stock hinaufgeht?
2. Für das langsame Treppensteigen veranschlagt man als Leistungsabgabe eines Menschen etwa 18 W pro Kilogramm Körpergewicht. Welchen Energiebedarf erhält man mit dieser Angabe, wenn man für die fünf Stockwerke etwa 90 s Zeitbedarf veranschlagt?
3. Wie ist die Differenz aus 1. und 2. zu erklären?

A 2 Die Produktbeschreibung einer Wasserpumpe enthält die Angabe: „Die Förderleistung beträgt 180 l/min." Hat die Förderleistung überhaupt etwas mit der Leistung zu tun?

A 3 In folgendem kleinen Text werden verschiedene Arten von Arbeit verrichtet. Nenne die Art der Arbeit und die Energieform, in der die Arbeit gespeichert wird.

„Heute reise ich mit dem Zug zu meiner Tante. Damit ich keinen wichtigen Zeitpunkt verpasse, ziehe ich vorsichtshalber noch einmal meine alte mechanische Taschenuhr auf, die mir mein Großvater einmal geschenkt hat. Dann steige ich die Stufen zum Gleis 5 hinauf und trage meinen Koffer den Bahnsteig entlang. Im Abteil angekommen, hebe ich den Koffer zunächst ins Gepäcknetz und öffne dann das Schiebefenster. Langsam setzt sich die Lokomotive in Bewegung und gewinnt rasch an Fahrt ..."

A 4 Unter die so genannten regenerativen („sich selbst erneuernden") Energiequellen fällt auch fließendes Wasser, das man etwa in Strömungskraftwerken zur Erzeugung elektrischer Energie nutzt. Woher stammt die Bewegungsenergie des fließenden Wassers?

A 5

1. Ein Ventilator setzt in 10 s 3000 J elektrische Energie in Bewegungsenergie um. Welche Stromstärke fließt in diesem Gerät, wenn es mit Netzspannung (230 V) betrieben wird?
2. Welche elektrische Leistung hat der Ventilator?
3. Wie viel Geld muss man bei einem Strompreis von 10 ct pro kWh für die bereitgestellte Energie an die Elektrizitätswerke zahlen, wenn das Gerät 8,5 Stunden in Betrieb ist?

A 6

Beim Beschlagen eines Pferds mit Hufeisen werden die Eisen zunächst etwas vorgewärmt. Der Hufschmied schlägt anschließend mit dem Hammer so lange auf das Eisen ein, bis es rot glühend wird (worauf es dann in Form gebracht wird). Erkläre den Vorgang des Erhitzens durch die Hammerschläge. Benutze auch das Teilchenmodell!

A 7

1. Eine Thermoskanne hat einen Schichtaufbau (vergleiche Abbildung), der das Abkühlen heißer Getränke verhindern soll. Welche Möglichkeiten des Wärmetransportes gibt es und wie versucht man diese zu unterbinden?
2. Mit welchen Mitteln versucht man beim Bau eines Hauses die unterschiedlichen Wärmetransportmöglichkeiten zu verhindern?

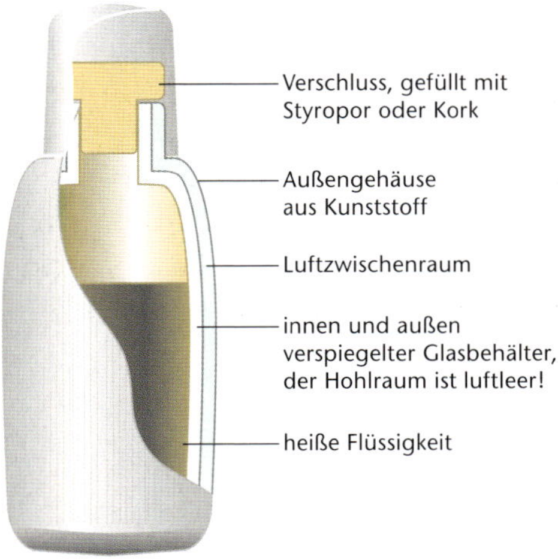

A 8 Viele verpackte Lebensmittel enthalten als Verpackungsaufschrift Nährwertangaben. Auf einem Fruchtjoghurt findet sich unter dem Stichwort „Brennwert“ etwa die Angabe „100 g enthalten 450 kJ“; kJ steht für Kilojoule, d.h., es handelt sich um eine Energieangabe! Welche Art von Energie ist hier gemeint und in welche Energieformen verwandelt sie unser Körper?

A 9 **Heimversuch:** Suche in eurem Haushalt den Zähler für den elektrischen Energieverbrauch. (Meist befindet er sich im Keller oder im Hausflur.)

1. Notiere dir den Zählerstand und lies am nächsten Tag möglichst zur selben Zeit noch einmal ab. Wie viel Energie wurde in eurem Haushalt an einem Tag benötigt?
2. Erkundige dich nach dem Strompreis und berechne die täglichen Kosten für diese Energiemenge.
3. Miss mit einer Stoppuhr, wie lange eine Umdrehung der Zählerscheibe dauert. Wie viel Energie wird in dieser Zeit benötigt? Wie lange dauert eine Zählscheibenumdrehung, wenn nur ein Kühlschrank mit einer Leistung von 100 W am Netz ist?
4. Schalte in eurem Haushalt einige Geräte zusätzlich ein (z. B. den Backofen und/oder einen Heizlüfter). Wie lange dauert jetzt eine Umdrehung der Scheibe? Wie groß ist demnach der Energiebedarf der zusätzlichen Geräte?

A 10 Fülle lauwarmes Wasser in ein verschließbares Gefäß. Miss seine Temperatur mit einem Fieberthermometer (die Wassertemperatur im gewünschten Messbereich 36 – 40 °C musst du evtl. durch Zugabe von kaltem oder warmem Wasser erzeugen). Notiere diese Ausgangstemperatur. Verschließe das Gefäß und schüttele es 2–3 Minuten kräftig. Wiederhole die Temperaturmessung! Was stellst du fest? Begründe!

Lösungshinweise

zu Kapitel 1: Grundlagen physikalischen Arbeitens

1

Größe	Einheit
Strecke (s)	Millimeter (mm)
Fläche (A)	Quadratzentimeter (cm^2)
Zeit (t)	Stunde (h); Sekunde (s); Minute (min)
Volumen (V)	Kubikmeter (m^3); Liter (l)
Masse (m)	Gramm (g)
Geschwindigkeit (v)	Kilometer pro Stunde (km/h)

3

2. Man erhält eine Hyperbel.
3. Geschwindigkeit ~ 1/Zeit.
4. Das Produkt aus zwei zusammengehörigen Werten ergibt immer etwa 22 500 m (Geschwindigkeitsangaben zuvor in m/s umrechnen!). (Geschwindigkeit · Zeit = konstant, die Konstante ist der zurückgelegte Weg.)

4

1. $v = s/t = 108\,km/2\,h = 108\,000\,m/(2 \cdot 3600\,s) = 15\,m/s$.
2. $v = s/t = 100\,m/10\,s = 0{,}1\,km/(10\,h/3600) = 36\,km/h$.

In Kurzform:
Geschwindigkeit in km/h geteilt durch 3,6 ergibt Geschwindigkeit in m/s.
Geschwindigkeit in m/s mal 3,6 ergibt Geschwindigkeit in km/h.

5

1. verrichtete Arbeit: $W = P \cdot t = 800\,W \cdot 50\,s = 40\,000\,Ws = 40\,kJ$.
2. benötigte Zeit: $t = W/P = 15\,000\,Ws/250\,W = 60\,s = 1\,min$.

zu Kapitel 2: Mechanik

1 Federverlängerung: $s = F/D = 2500\,N/150\,(N/cm) = 16{,}7\,cm$.

2 Für das Zusammenstauchen von Federn gilt ebenfalls das hookesche Gesetz (mit der gleichen Federkonstante).
Kraft auf die Feder:
$F = D \cdot s = 24\,N/mm \cdot 4{,}8\,cm = 24\,N/mm \cdot 48\,mm = 1152\,N.$

3 Verkleinerte Lösungsskizze:

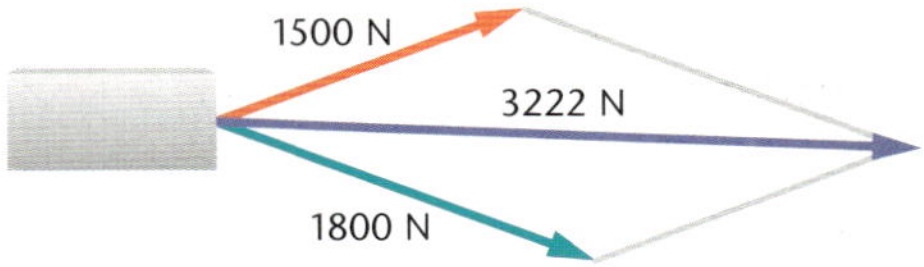

4 Bei der Kräfteaddition bilden die beiden aneinander gehängten Kräfte und die resultierende Kraft ein Dreieck. Die Pfeillängen sind genau dann gleich lang, wenn es sich um ein gleichseitiges Dreieck handelt. Der Winkel zwischen den beiden ursprünglichen Kräften muss also 60° betragen.

5 Über das Seil übt die Gewichtskraft der Lampe Kräfte auf das Gestänge aus. Angriffspunkt dieser Kräfte ist der gemeinsame Endpunkt der Stangen, hier lässt du deshalb die Kraftpfeile beginnen. Die Zerlegung zeigt, dass die Querstange gestaucht, an der schräg verlaufenden Stange gezogen wird. Die Zugkraft auf die schräg stehende Stange ist sogar größer als die Gewichtskraft der Lampe.

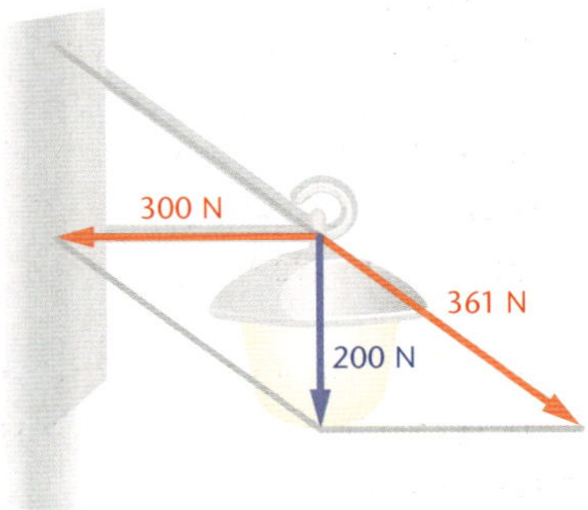

6 Mehlpackungen, die an verschiedenen Orten mit der Gewichtskraft 10 N abgefüllt werden, haben wegen der Ortsabhängigkeit der Gewichtskraft je nach Ort einen unterschiedlich großen Inhalt. Das ist natürlich nicht sinnvoll, da die Menge des Mehls überall gleich sein sollte.

7 Der Ortsfaktor auf dem Mond beträgt $g_{Mond} = 1{,}62\,N/kg$. Masse auf dem Mond bei einer Gewichtskraft von 30 N:
$m = F/g = 30\,N / 1{,}62\,(N/kg) = 18{,}5\,kg.$

Die Packung mit 30 N hat also eine größere Masse und damit mehr Inhalt.
Auf der Erde wäre es umgekehrt, denn:
$m = F/g = 30\,N/9{,}81\,(N/kg) = 3{,}1\,kg$.

8 Eine Personenwaage ist eine Federwaage, mit der man eigentlich die (ortsabhängige) Gewichtskraft misst. Die Waage müsste daher in der Einheit Newton anzeigen. Der Hersteller einer solchen Waage geht von einem mittleren Ortsfaktor $g = 9{,}81\,N/kg$ aus und rechnet die Gewichtskraft über $F = g \cdot m$ gleich in eine Masse um. Auf dem Mond zeigt die Waage nur noch knapp 1/6 der Gewichtskraft auf der Erde an, also nur noch 11,6 kg. Diese Angabe ist nun regelrecht falsch, da sich die Masse ja nicht geändert hat. Besser ist daher die Messung mit einer Balkenwaage: Ist sie auf der Erde im Gleichgewicht, so ist sie es auch auf dem Mond!

9 Masse eines Eisenträgers: $m = \rho \cdot V = 7{,}86\,(g/cm^3) \cdot 1000\,cm \cdot 650\,cm^2 = 5\,109\,000\,g = 5109\,kg = 5{,}11\,t$.
Wie oft passt diese Masse in die Maximallast von 30t? $\frac{30}{5{,}11} = 5{,}87$.

Der Kran kann also maximal fünf Eisenträger anheben.

10 Volumen des 1-kg-Goldbarrens:
$V = m/\rho = 1\,kg/19{,}3\,(g/cm^3) = 1000\,g/19{,}3\,(g/cm^3) = 51{,}8\,cm^3$.
Bei 10 cm Länge und 1 cm Höhe wäre der Barren etwa 5 cm breit.
Volumen des 1-kg-Eisenbarrens:
$V = m/\rho = 1\,kg/7{,}86\,(g/cm^3) = 1000\,g/7{,}86\,(g/cm^3) = 127{,}2\,cm^3$.
Der Eisenbarren hat etwa das 2,5fache Volumen des Goldbarrens.

11 Lies hierzu noch einmal den Anfang des Kapitels 2.5 durch.

12 Untere Grenze: $F = p \cdot A = 0{,}000\,02\,Pa \cdot 0{,}0001\,m^2 = 0{,}000\,000\,002\,N$.
Obere Grenze: $F = p \cdot A = 20\,Pa \cdot 0{,}0001\,m^2 = 0{,}002\,N$.

13 Mit den Skiern an den Füßen verteilt sich das Gewicht des Skifahrers auf eine wesentlich größere Fläche als ohne Skier. Physikalisch ausgedrückt, vermindert die vergrößerte Auflagefläche den Druck auf den

Schnee. Der kann einem genügend verminderten Auflagedruck ohne nennenswerte Verformung standhalten.

14 Die Karte wird vom umgebenden Luftdruck festgehalten, der in alle Richtungen wirkt und somit auch von unten gegen die Karte drückt. Er ist erheblich stärker als der Druck des Wassers, der von oben auf die Karte einwirkt. Dazu darf allerdings keine Luft in das Glas eindringen, da es sonst zum Druckausgleich kommt!

15 Entscheidend für die Auswirkungen deiner Bemühungen ist der Druck, den du auf den Knetgummi oder den Radiergummi ausübst. Da die Bleistiftspitze eine kleine Fläche hat, ist der Druck in diesem Fall groß und ebenso die Auswirkung. Bei der Münze vergrößert sich die Fläche, über welche die Kraft ausgeübt wird, enorm, der Druck wird sehr klein; daher ist die Wirkung kaum sichtbar.

zu Kapitel 3: Elektrizitätslehre

1 Vergleiche deine Tabelle mit der Tabelle aus Kapitel 1.2.

2 Beim Berühren mit einem negativ geladenen Stab werden die (beweglichen) Elektronen im Metallstab und Zeiger abgestoßen und fließen in den unteren Teil des Gerätes. Die negativen Ladungen auf dem Zeiger und auf dem Metallstab stoßen sich nun ihrerseits gegenseitig ab, wodurch es zum Zeigerausschlag kommt. Bringt man positive Ladung auf, so werden die (beweglichen) Elektronen angezogen und fließen in den oberen Teil des Gerätes. Im unteren Teil verbleibt ein Überschuss an positiver Ladung (durch die ortsfesten Atomkerne). Dadurch kommt es wiederum zur Abstoßung zwischen Zeiger und Metallstab.

Ein Nachweis von positiver oder negativer Ladung ist nur dann möglich, wenn man eine zusätzliche bekannte Ladung aufbringt. Erhöht sich dabei der Zeigerausschlag, so hatte das Elektroskop die gleiche Ladungsart, geht er zurück, so befand sich zuvor die jeweils andere Ladungsart auf dem Elektroskop.

3 Die Einheit Amperestunde ist eine Einheit für die elektrische Ladung Q. Es gilt: 1 Ah = 3600 As = 3600 C.

Durch Umstellen der Formel $Q = I \cdot t$ erhält man die Entladezeit der Batterie: $t = Q/I = 55\,\text{Ah}/1{,}5\,\text{A} = 36{,}67\,\text{h} = 36\,\text{h} + 40\,\text{min}$.

4 Widerstand bei Batteriebetrieb: $R = U/I = 4{,}5\,\text{V}/0{,}05\,\text{A} = 90\,\Omega$.
Widerstand bei Netzbetrieb: $R = U/I = 230\,\text{V}/0{,}5\,\text{A} = 460\,\Omega$.
Der Widerstand steigt mit der Temperatur im Glühdraht. Die Batterie kann den Glühdraht nicht erwärmen, daher bleibt der Widerstand hier klein. Auch beim Einschalten hat der noch kalte Draht einen geringeren Widerstand, weshalb die Stromstärke zu Anfang besonders hoch ist. Daher brennt ein „altersschwacher" Glühdraht meistens direkt beim Einschalten durch.

5
1. Der Widerstand des aufgewickelten Drahts wächst mit seiner Länge. Je weiter man den Schleifkontakt nach links verschiebt, desto länger wird auch das Drahtstück, durch das der Strom fließen muss.
2. $$R = \rho \cdot \frac{\ell}{A} \Rightarrow \ell = \frac{R \cdot A}{\rho} = \frac{100\,\Omega \cdot 0{,}2\,\text{mm}^2}{0{,}017\,\frac{\Omega \cdot \text{mm}^2}{\text{m}}} = 1176\,\text{m}.$$
3. $$R = \rho \cdot \frac{\ell}{A} = 0{,}017\,\frac{\Omega \cdot \text{mm}^2}{\text{m}} \cdot \frac{0{,}3\,\text{m}}{0{,}2\,\text{mm}^2} = 0{,}0255\,\Omega.$$

6 Erlaubter Minimalwiderstand $R = U/I = 230\,\text{V}/10\,\text{A} = 23\,\Omega$.

Gesamtwiderstand bei n Lampen:

$$\frac{1}{R_{ges}} = \frac{1}{500\,\Omega} + \frac{1}{500\,\Omega} + \ldots + \frac{1}{500\,\Omega} = n \cdot \frac{1}{500\,\Omega}.$$

Dieser Widerstand muss größer sein als $23\,\Omega$: $R_{ges} = \frac{500\,\Omega}{n} \geq 23\,\Omega$.

Dieser Ausdruck lässt sich nach der Lampenzahl auflösen:

$$n \leq \frac{500\,\Omega}{23\,\Omega} = 21{,}7.$$

Es dürfen also maximal 21 Lampen parallel angeschlossen werden!

7 1. Schaltung, S.66:

$$\frac{I}{R_{ges}} = \frac{I}{R_E} + \frac{I}{R_3} = \frac{1}{150\,\Omega} + \frac{1}{300\,\Omega} = \frac{3}{300\,\Omega}$$

$$\Rightarrow R_{ges} = \frac{300\,\Omega}{3} = 100\,\Omega.$$

$I_{ges} = U_{ges}/R_{ges} = 200\,V/100\,\Omega = 2\,A$
$U_3 = U_{ges} = 200\,V$ (Parallelschaltung!)
$I_3 = U_3/R_3 = 200\,V/300\,\Omega = 0{,}67\,A$
$I_E = I_{ges} - I_3$ (Parallelschaltung!) $= 2\,A - 0{,}67\,A = 1{,}33\,A$
$I_1 = I_2 = I_E = 1{,}33\,A$ (Reihenschaltung!)
$U_1 = R_1 \cdot I_1 = 100\,\Omega \cdot 1{,}33\,A = 133{,}33\,V$
$U_2 = U_{ges} - U_1$ (Reihenschaltung!) $= 200\,V - 133{,}33\,V = 66{,}67\,V$

2. Schaltung, S.66:

$R_{ges} = R_E + R_3 = 40\,\Omega + 160\,\Omega = 200\,\Omega$
$I_{ges} = U_{ges}/R_{ges} = 200\,V/200\,\Omega = 1\,A$
$I_3 = I_{ges} = 1\,A$ (Reihenschaltung!)
$U_3 = R_3 \cdot I_3 = 160\,\Omega \cdot 1\,A = 160\,V$
$U_E = U_{ges} - U_3$ (Reihenschaltung!) $= 200\,V - 160\,V = 40\,V$
$U_1 = U_2 = U_E = 40\,V$ (Parallelschaltung!)
$I_1 = U_1/R_1 = 40\,V/200\,\Omega = 0{,}2\,A$
$I_2 = I_{ges} - I_1$ (Parallelschaltung!) $= 1\,A - 0{,}2\,A = 0{,}8\,A$

8 Bewegt man die Schaukel von Hand durch das Magnetfeld, so kann der Spannungsmesser eine Induktionsspannung nachweisen (analog zum Induktions-Grundversuch, wobei jetzt allerdings der Magnet fest und die Spule – hier mit nur einer Windung – bewegt wird). Demzufolge lässt sich die Spannung wiederum durch schnellere Bewegung, einen stärkeren Magneten oder mehr Windungen erhöhen. Die Polung wird auch hier von der Bewegungsrichtung der Schaukel und der Ausrichtung des Magneten beeinflusst.

9 **1.** Der Vorwiderstand muss in Reihe geschaltet werden, damit die Gesamtspannung sich auf Widerstand und Halogenbirne aufteilt. Zur Berechnung des Widerstandswerts zieht man die Formel

$R = U/I$ heran. Dabei muss am Widerstand eine Teilspannung von 230V – 24V = 206V anliegen. Die Stromstärke ist hier wegen der Reihenschaltung ebenso groß wie bei der Glühlampe, also 6,3 A. Man erhält: $R = U/I = 206\,V/6{,}3\,A = 32{,}7\,\Omega$.

2. Man kann das Transformatorgesetz anwenden, da Primär- und Sekundärspannung (U_1 und U_2) sowie die Windungszahl N_2 der Sekundärspule gegeben sind. Gesucht ist die Windungszahl N_1 der Primärspule.

$$\frac{U_2}{U_1} = \frac{N_2}{N_1} \Rightarrow \frac{U_1}{U_2} = \frac{N_1}{N_2} \Rightarrow N_1 = \frac{U_1 \cdot N_2}{U_2} = \frac{230\,V \cdot 100}{24\,V} = 958{,}33.$$

Die Primärspule benötigt also 958 Windungen.

10 Aufgrund der Reibung zwischen der Plastikfolie und dem Wolltuch werden Ladungen getrennt. Das Wolltuch und die Folienstücke tragen entgegengesetzte Ladungen. Die Hand nimmt Ladungen vom Wolltuch auf und ist daher umgekehrt geladen wie die Folienstücke.

11 Da der Fahrraddynamo ein Generator ist, besitzt er keinen Kollektor. Als Motor betrieben, muss aber die Stromrichtung ständig umgepolt werden. Dies kann statt mit einem Kollektor auch mit Wechselspannung geleistet werden.

zu Kapitel 4: Arbeit, Energie und Leistung

1
1. Die verrichtete Hubarbeit W ist die gleiche, wie wenn der Mann auf vertikalem Weg (etwa über eine Leiter) hinaufkäme. Dafür sind aber die Gewichtskraft und die Höhe maßgeblich.
   $W = F \cdot s = m \cdot g \cdot h = 80\,kg \cdot 9{,}81\,N/kg \cdot 15\,m = 11\,772\,Nm = 11\,772\,J$.
2. Energiebedarf: $W = P \cdot t = 80 \cdot 18\,W \cdot 90\,s = 129\,600\,Ws = 129\,600\,J$.
3. Im Aufgabenteil a) wird nur die reine Hubarbeit berücksichtigt, die man aufwenden muss, um eine Masse von 80 kg auf die entsprechende Höhe anzuheben. Für das Treppensteigen muss unser Körper jedoch zusätzlich Energie für die Kontraktion der Muskeln, die Beschleunigung des Herzschlags und der Atmung etc. aufbringen.

2 Die Pumpe befördert Wasser in die Höhe oder beschleunigt Wasser, verrichtet also Hubarbeit oder Beschleunigungsarbeit. Die Förderleistung lässt sich in die übliche Leistung umrechnen, indem man etwa die Wassermenge in die Wassermasse umrechnet (über die Dichte des Wassers) und mit der Förderhöhe multipliziert. Die Förderleistung ist damit proportional zur normalen Leistung und damit auch ein geeignetes Maß für die Leistung.

3

Taschenuhr aufziehen	⇒	Es wird Spannarbeit verrichtet, die in der Feder der Uhr als Spannenergie gespeichert wird.
Stufen hinaufsteigen	⇒	Es wird Hubarbeit verrichtet, die als Lageenergie gespeichert wird.
Koffer tragen	⇒	Im physikalischen Sinn keine Arbeit, da Haltekraft und Wegrichtung senkrecht zueinander stehen.
Koffer heben	⇒	Die verrichtete Hubarbeit wird wieder als Lageenergie gespeichert.
Schiebefenster öffnen	⇒	Reibungsarbeit wird in Wärme umgewandelt.
Zug fährt an	⇒	Beschleunigungsarbeit wird als Bewegungsenergie gespeichert.

4 Das Wasser in den Flüssen wird von einem Gefälle angetrieben. Die Bewegungsenergie rührt daher von der Lageenergie her. Schon in den Wolken besitzt das Wasser Lageenergie. Woher stammt aber diese Lageenergie? Die Sonne erwärmt mit ihrer Strahlungsenergie die Erde und verursacht damit die Erwärmung und anschließende Verdampfung/Verdunstung von Wasser und den Aufstieg von Wasserdampf in die Höhe.

5

1. Formel für die elektrische Energie nehmen und nach der Stromstärke I auflösen:

$$W = P \cdot t = U \cdot I \cdot t \Rightarrow I = \frac{W}{U \cdot t} = \frac{3000\,\text{Ws}}{230\,\text{V} \cdot 10\,\text{s}} = 1{,}304\,\text{A}.$$

2. Leistung des Ventilators: $P = U \cdot I = 230\,\text{V} \cdot 1{,}304\,\text{A} = 300\,\text{W}$.
3. Bereitgestellte Energie: $W = P \cdot t = 300\,\text{W} \cdot 8{,}5\,\text{h} = 2550\,\text{Wh} = 2{,}55\,\text{kWh}$.
   Kosten dieser Energie: $2{,}55 \cdot 10\,\text{ct} = 25{,}5\,\text{ct}$.

6 Die Hammerschläge enthalten Bewegungsenergie, die beim Auftreffen in Verformungsenergie und dann sofort in innere bzw. thermische Energie umgewandelt wird, deren Anwachsen das Eisen zum Glühen bringt.
Im Teilchenmodell kann man sich ein immer stärker werdendes Schwingen der Atome im Atomverband des Eisens vorstellen, welches die innere Energie anwachsen lässt

7

1. Die Wärmeleitung wird durch den luftleeren Zwischenraum sehr stark unterdrückt. In etwas schwächerem Maße gilt dies auch für die Luftschicht zwischen Glasbehälter und Außengehäuse, denn auch Luft leitet Wärme schlecht. Auch die im Verschluss eingesetzten Materialien Styropor oder Kork dämmen die Wärmeleitung ein, da beide viel Luft enthalten und deshalb schlechte Wärmeleiter sind.
   Die Verluste durch Wärmestrahlung werden durch die Verspiegelung des Glasbehälters vermindert, wodurch die Strahlung in das Innere zurückreflektiert wird (die Verspiegelung außen erfüllt den gleichen Zweck, wenn man kalte Getränke kühl halten will!).
   Die Konvektion durch Ausströmen erwärmter Luft verhindert der Verschluss.
2. Auch beim Hausbau versucht man zu verhindern, dass thermische Energie durch Wärmeleitung, Wärmeströmung oder Wärmestrahlung entweicht. Dazu dienen beispielsweise Dämmungen aus viel Luft enthaltenden Materialien (Styropor, Wollstoffe u.a.), Metallfolienbeschichtungen im Dachbereich oder hinter Heizkörpern zur Reflexion der Strahlung, Doppel- oder Dreifachverglasung mit Vakuumschichten dazwischen etc.

8 Nahrungsmittel enthalten chemische Energie, die über unser Verdauungssystem umgewandelt werden kann. Sie wird dabei im Wesentlichen in thermische Energie (zur Aufrechterhaltung der Körpertemperatur) und in Bewegungsenergie (Muskelapparat, Herzschlag etc.) umgewandelt.